国家"十二五"科技支撑计划项目

"严寒地区绿色村镇建设关键技术研究与示范"

课题2严寒地区村镇气候适应性规划及环境优化技术

U0211790

严寒地区绿色村镇居住庭院规划示范图集

RESIDENTIAL COURTYARD PLANNING OF GREEN VILLAGES IN COLD AREAS

袁青　冷红　王翼飞　著

哈尔滨工业大学出版社

HITP　HARBIN INSTITUTE OF TECHNOLOGY PRESS

参与本书设计人员：

陈天骁　戴余庆　胡学慧　鲁钰雯　马智莉　石　飞
王　磊　康碧奇　李锦嫱　李　彤　刘春琳　仝　玮

图书在版编目（CIP）数据

严寒地区绿色村镇居住庭院规划示范图集/袁青，冷红，王翼飞著. ——
哈尔滨：哈尔滨工业大学出版社，2015.7
ISBN 978-7-5603-5028-8

Ⅰ. ①严… Ⅱ. ①袁… ②冷… ③王… Ⅲ. ①乡镇—庭院—规划—中
国—图集 Ⅳ. ①TU928.29-64

中国版本图书馆 CIP 数据核字（2014）第 278975 号

责任编辑　王桂芝　任莹莹
出版发行　哈尔滨工业大学出版社
社　　址　哈尔滨市南岗区复华四道街 10 号　邮编 150006
传　　真　0451-86414749
网　　址　http://hitpress.hit.edu.cn
印　　刷　哈尔滨市石桥印务有限公司
开　　本　787mm×1092mm　1/16　印张 5.25　字数 125 千字
版　　次　2015 年 7 月第 1 版　2015 年 7 月第 1 次印刷
书　　号　ISBN 978-7-5603-5028-8
定　　价　58.00 元

目录/CONTENTS

目录/CONTENTS

第一章 编制说明

□编制背景

根据《建筑气候区划标准（GB50178-93）》中关于气候区划分的规定，以1月的平均气温、7月的平均气温、7月的平均相对湿度为主要指标，以年降水量、年日平均气温低于或等于5℃的日数和年日平均气温高于或等于25℃的日数为辅助指标，将全国划分成7个一级气候区，其中严寒地区的范围主要包括黑龙江、吉林全境，辽宁大部分地区，内蒙古中北部以及陕西、山西、河北、北京北部等地区。本图集研究范围限定于严寒地区的黑龙江省、吉林省与辽宁省的典型集镇、村庄与远郊村庄中的独户式农家宅院与集合式住宅的公共庭院。

严寒地区村镇居住庭院主要包括大量存在于村庄和集镇中的独户式农家宅院以及少量存在于集镇中的集合式住宅公共庭院。独户式农家宅院在严寒地区较为普遍，由独栋低层住宅与周边开敞院落组成。集合式住宅的公共庭院具有明显的城市特征，其规划设计原则与策略也与城市居住小区庭院相似。

随着生活水平提升、农村人口迁移、家庭结构重组、观念意识更新，严寒地区村镇居民的生活方式与生产方式发生着潜移默化的改变。然而作为家庭生产与生活的载体，居住庭院不能及时地应对这些改变做出调整，致使其暴露出很多不足之处。对于严寒地区村镇庭院来说，多存在土地利用率低、空间组织不紧凑、功能赘余与缺失、气候适应性差、基础设施不完善、生态环境质量低等亟待解决的问题。

严寒地区绿色村镇居住庭院的建设，应结合当地的资源环境和经济条件，因地制宜，最大限度地节约资源（节能、节地、节水、节材）、保护环境、减少污染，为村镇居民提供健康、适用、高效的居住庭院空间。鉴于严寒地区独特的气候特征、地域特点、经济状况、文化习俗等，本图集提出一系列具有针对性的绿色村镇居住庭院规划策略，在此基础上形成多种可行的严寒地区村镇居住庭院规划方案，为严寒地区绿色村镇建设提供参考。

□严寒地区村镇居住庭院分类

独户式农家宅院大部分功能清晰、形态规则，可按庭院功能类型与庭院空间形态类型对居住庭院进行分类。

1. 按功能类型分类

按照庭院的功能可将其大体划分为：种植型庭院、养殖型庭院、商业型庭院与混合型庭院，庭院布局特征如图1~4所示。

（1）种植型庭院

此类庭院一般保留大面积用地作为自留园地，交通空间组织多为T型和十字型，并与生活月台相连。功能要素构成主要包括储藏空间、厕所等，必要生活设施通常布置在前院。当宅基地较为充足时，住宅及储藏功能单独形成院落，布置在庭院的中间或一侧。

（2）饲养型庭院

此类庭院的交通空间组织以T型为主。为了方便农户管理，禽畜饲养功能通常布置在前院中住宅的前面或一侧，另一侧布置储藏空间或自留园地；也有部分庭院布置在后院，与自留园地相结合。

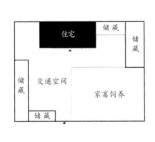
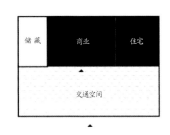

图1 种植型庭院　　图2 养殖型庭院　　图3 商业型庭院　　图4 混合型庭院

（3）商业型庭院

此类庭院为满足频繁的人流、货流交换，交通空间较为开敞。商业型庭院可细分为两种形式，一种是宅店分离型，即门店独立存在，布置在靠近干路的一侧，庭院内部形成二进院落，满足生活及生产功能需要；另一种是宅店合并型，即门店与住宅结合，位于庭院的后侧，前院作为交通功能使用。

（4）混合型庭院

此类庭院同时涵盖多种功能，通常兼具禽畜饲养和自留园地两种功能，各功能要素根据自家需要均衡分配。前院常设置储藏杂物的仓房与仓棚，通常沿庭院两侧围墙布置，其余用地为交通、生活或生产空间。后院的布局差异较大，当院落面积较大时可作为自留园地功能使用；当院落面积较小时可作为仓储、家畜饲养及杂物堆放功能使用。

2. 按空间形态类型分类

按照空间形态可将其大体划分为：前院后宅型庭院、前后院型庭院、前宅后院型庭院与前侧院型庭院，庭院布局特征如图5～8所示。

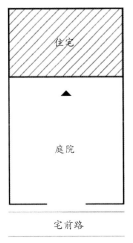
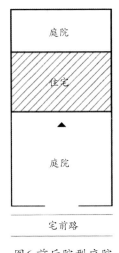
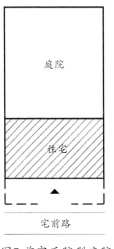
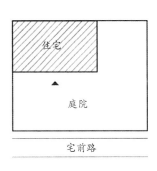

图5 前院后宅型庭院　　图6 前后院型庭院　　图7 前宅后院型庭院　　图8 前侧院型庭院

（1）前院后宅型庭院

此类庭院的住宅一般布置在居住庭院北侧且远离宅前路的一侧，可以避风向阳，适宜饲养家禽、家畜。其缺点是生活及生产功能混合在一起，分区不明，容易造成相互间的影响。

（2）前后院型庭院

此类庭院的住宅在居住庭院的中间，庭院被分割为前后两部分。南侧院子一般为生活庭院，北侧院子一般为杂务、种植或饲养庭院。这种布局方式使得功能分区明确，使用方便、清洁、卫生、安静。其缺点是北侧种植或饲养院落容易形成大面积占地现象，若经营管理不当则会造成庭院利用率低与土地资源浪费。

（3）前宅后院型庭院

此类庭院的住宅布置在居住庭院的南侧或临近宅前路一侧，可使住宅获得良好的朝向，使院落比较隐蔽和阴凉，适宜家庭进行副业生产，比如经营食杂店或饭店。其缺点是住宅临街建设，容易受到交通噪声的干扰。

（4）前侧院型庭院

此类庭院的住宅布置在庭院一角，庭院被分割成生活院和杂物院两部分，一般分别设在住宅前面或一侧，构成既分隔又连通的空间，功能分区明确，院落洁污分明。

☐ 严寒地区村镇居住庭院规模

本图集中所涉及的严寒地区村镇居住庭院规划设计方案的用地规模，是以严寒地区各省与各自治区实施的土地管理条例及《镇（乡）村居住用地规划规范》（征求意见稿）中关于农村宅基地规模的相关规定为基础，将其限定在150~400㎡的范围内。其中黑龙江省实施《黑龙江省土地管理条例》，吉林省实施《吉林省土地管理条例》，辽宁省与内蒙古自治区实施《中华人民共和国土地管理法》。各地方可根据当地的土地管理条例规定，酌情参考与选择本图集中的居住庭院规划设计方案。

（1）《镇（乡）村居住用地规划规范》（征求意见稿）相关规定

平原地区村庄户均宅基地标准，每户不得超过150㎡；山区或丘陵地区的村庄户均宅基地标准，每户宅基地面积不得超过200㎡；特殊的地区，其具体的宅基地面积标准，按照当地人民政府的规定执行。

（2）《黑龙江省土地管理条例》相关规定

农村村民新建住宅的宅基地，每户不得超过三百五十平方米。

（3）《吉林省土地管理条例》相关规定

农村村民，一户只能拥有一处宅基地，面积不得超过下列标准：农业户（含一方是农业户口的居民）住宅用地三百三十平方米；市区所辖乡和建制镇规划区、工矿区农业户居民的住宅用地二百七十平方米；农村当地非农业户居民住宅用地二百二十平方米；国有农、林、牧、渔、参、苇场（站）和水库等单位的职工住宅用地二百七十平方米。

（4）《中华人民共和国土地管理法》相关规定

确定无旧宅基地可以利用，需要申请新宅基地的，在籍农村农业户口居民每户住宅建设用地面积标准：人均耕地零点一三公顷（二亩）以上的村，四口人以下的户，不准超过三百平方米；五口人以上的户，不准超过四百平方米；人均耕地零点一三公顷（二亩）以下、六百六十七平方米（一亩）以上的村，四口人以下的户，不准超过二百平方米；五口人以上的户，不准超过二百七十平方米；人均耕地六百六十七平方米（一亩）以下的村，四口人以下的户，应当低于二百平方米；五口人以上的户，应当低于二百七十平方米。每户住宅建设用

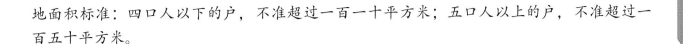

地面积标准：四口人以下的户，不准超过一百一十平方米；五口人以上的户，不准超过一百五十平方米。

严寒地区村镇居住庭院规划原则

1. 节地原则

严寒地区村镇居住庭院规划设计应注重节省使用土地资源，根据当地生活与生产实际需要，合理组织庭院功能流线，选用适宜的庭院布局模式与功能类型，对庭院进行合理的空间布局，避免土地资源浪费；同时鼓励开展庭院经济，提高土地利用率。

2. 自然适应性原则

严寒地区村镇居住庭院规划设计应尊重地方气象气候与地形地貌等自然环境。设计方案不仅要充分利用自然，而且要顺应自然，使村镇居住庭院与周围自然环境相适应。严寒地区日照充足，太阳辐射较为强烈，但冬季寒冷漫长，季风对庭院生活环境影响严重，因此对严寒地区居住庭院的规划设计，应充分利用太阳辐射，并通过空间布局来抵御恶劣的气候环境。

3. 技术适应性原则

严寒地区村镇居住庭院规划设计应利用适应当地特点、易于推广并可被当地村镇居民接受的生态工程技术，设计出与严寒地区村镇相适应的低建设成本、低维护成本的居住庭院生态工程设施；采取适当措施对严寒地区村镇居住庭院进行节能处理，实现提高庭院居住环境宜居性的目的。

严寒地区村镇居住庭院优化策略

1. 村镇居住庭院节地优化策略

（1）庭院流线梳理

根据生产需求与生活需求明确庭院分区。庭院内部按照功能分区，可分为生活院与生产院。以住宅为中心对庭院进行生活院与生产院的空间划分，可将生活院布置在宅前临街一侧，生产院布置在宅后。这样布局可使两种不同功能的院落分区而置，既避免人、车、物资出入庭院的流线过长，又避免动、静分区混乱而互相干扰。

根据村镇道路走向，确定庭院的出入口位置，区分庭院的主、次入口及机动车入口，保证居民与农机分离、人与畜分离。避免庭院农业劳作以及生活、生产资料出入庭院对日常生活的干扰，实现动静分区的目的；避免农机将污物带入生活宅院而影响居住环境，以及避免人畜混杂产生的卫生问题，实现洁污分区的目的。

以最短路径连接庭院主要功能，并作为主要流线。建立庭院主要功能与辅助功能之间的联系以形成次要流线。避免主、次流线之间以及次要流线之间的过度交叉与干扰。

（2）庭院用地整理

本着节约用地的原则，对于具有分户需求，并且自家宅基地规模较大、超出地方土地管理办法与规范规定的村镇家庭，可在自家宅基地的范围内进行划分，形成2~3户独立的居住庭院，既能满足分户要求，又能丰富庭院空间种类与功能类型。超标庭院多出现在三种空间类型的庭院中，即前院后宅型、前后院型与前侧院型。

在前院后宅型庭院中，不同生产院的规模会存在较大差异，因此对于前院后宅型超标庭院的拆分，主要从生产院入手。根据庭院空间形态特点可进行横向划分与纵向划分。横向拆分可形成两组前宅后院型组合与前院后宅型加前宅后院式组合；纵向拆分可形成两个前宅后院型组合。

在前后院型庭院中，住宅位置偏中，横向拆分难以形成布局较为适宜的庭院，可采用横向与纵向相结合的拆分方式。纵向拆分可形成两组前后院型组合；横向拆分与纵向拆分相结合的拆分方式，可形成三组前后院型组合。多种空间形态类型庭院的组合可满足不同功能庭院的要求。

前侧院型庭院开间较大，生产院多呈横向扩展趋势。对于这种形态的庭院，横向拆分不适用，应以纵向拆分为主。根据住宅在庭院中的位置不同，可纵向拆分并分别形成两个前后院型、两个前宅后院型与两个前院型的组合。

2. 村镇居住庭院功能优化策略

（1）现有功能完善

独户式农家庭院的现有功能一般包括住宅、生活院与生产院、旱厕、禽畜圈舍、贮藏用房。由于功能不完善、布局不合理、建设水平低劣以及卫生问题突出，需要对问题突出的旱厕、存储用房与禽畜圈舍进行优化。

充分考虑家禽与家畜圈舍在庭院中的位置与流线组织。明确人、畜分区，避免禽畜疾病对居民的影响。可将圈舍布置在离居室较远、常年主导风向的下风向位置，并以偏于一角为最佳。

灵活布置存储用房，可集中布置在庭院中生产院与生活院的过渡区域，也可根据生活与生产需要分开布置，既要避免与其他功能之间流线过长，又要布置于靠近出入口或较为偏僻的位置，以维持庭院卫生。

在条件允许的情况下，将厕所并入住宅建筑主体内部。在没有条件将其并入建筑主体的情况下，则应将旱厕布置在邻近住宅建筑，并有利于积肥的位置。一般可布置在生产院与住宅之间的偏僻位置，同时考虑与家禽、家畜圈舍毗邻，便于粪便统一收集利用。

（2）缺失功能补充

独户式农家宅院除了可充分利用既有种植与养殖空间外，还可增加小型手工作坊、小型商铺、餐饮等受村镇居民青睐的经营类型。针对这些需求，可改变既有住宅功能房间，或在住宅基础上扩建、加建此类功能空间。

严寒地区村镇家庭中的农机与私家车保有量与日俱增，因此在对严寒地区村镇庭院的规划设计中，应将农机与汽车停放空间纳入考虑。农机与汽车停放空间或停放用房应靠近庭院出入口布置，以减少对庭院生活环境与卫生环境的影响。

针对严寒地区集镇中的集合式住宅城镇化痕迹严重、注重景观效果，缺少能够满足村镇居民生产与生活必要功能的问题，在集合式住宅的规划设计与建设中，应预留出种植与养殖场所、农作物晾晒场地、农机停放场地以及农具与杂物存放空间。

3. 村镇居住庭院气候适应性优化策略

（1）庭院建筑布局

对于独户式农家居住庭院来说，应改变庭院内建筑零散的布局，有目的性地抵抗冬季季风。充分利用可灵活布局的仓储用房、禽畜圈舍等建筑实体在庭院的西北角进行围合，形成温度阻尼区，在冬季起到加强住宅保暖的作用。低层建筑应调整住宅入口方向，以获得更充足的太阳辐射热。根据严寒地区的气候特点，住宅入口以设置在北侧并加设门斗为宜，或是在住宅东西侧加门斗并南向开门，使得住宅内部南向空间得以充分利用，在冬季获得较为充足的太阳辐射热。

对于村镇集合式住宅的庭院来说，应在基地夏季主导风向的方向上以自由式、错列式与斜列式布局为主，以迎合夏季的主导风向，敞开夏季季风上风向界面；在冬季主导风向的方向上建板式住宅，阻隔或改变冬季季风，封闭冬季主导风上风向界面。保证建筑南北向布局，充分利用太阳辐射。

（2）庭院植被绿化

利用室外绿化降低室内温度。在住宅的东、西和北侧种植常绿灌木，以遮挡夏季日晒与阻挡冬季季风；在住宅南面种植落叶树木，以利于墙面、玻璃窗在冬季获取较多的太阳光。

通过宅前植树来调解庭院内部通风。树木种植在距离住宅北侧一定范围内，可将风引向屋顶，并减少冬季寒风吹向住宅；在窗下种植低矮树木可在夏季将风引入室内，有利于室内通风降温。

营造庭院绿化环境。在村镇庭院临街一侧的院墙内种植绿化树木，可兼顾改善村镇整体环境。

4. 村镇居住庭院基础设施优化策略

（1）生态厕所

在严寒地区村镇居住庭院中应推广生态厕所，以改善村镇居民如厕条件，消除安全隐患，降低传统堆肥方式对村镇生态环境的影响。利用生态厕所的源分流技术，从源头实现分别收集、分别处理、分别利用，把对环境基本无害、肥效较好的部分分开收集并直接利用，把含致病微生物、对人体健康和环境有较大危害的部分单独收集处理后再利用。生态厕所对于提高村民生活质量和保护严寒地区庭院生态环境具有重要作用。

（2）被动式太阳房

严寒地区日照较为充足，太阳辐射热应被充分利用。在已建村镇住宅南侧加建被动式太阳房，采用中空密封玻璃，阳光间与房间相邻布置，并在相隔的墙上开设门窗或孔洞，工作原理如图9所示。阳光间室内地面采用混凝土或缸砖等贮热容量高的材料，以削弱室内温度波动。在阳光间玻璃内侧设置热反射窗帘，可在冬季夜晚与夏季白天闭合以防止热量传递，改善室内热环境。

（3）废弃物处理

严寒地区村镇居民大多数对生活废弃物处理不当，严重影响着村镇卫生条件，并破坏村镇生态环境。在严寒地区村镇居住庭院内，应推广废弃物处理系统，利用有机垃圾进行沼气发酵，将有机质分解转化为沼气，形成清洁能源。

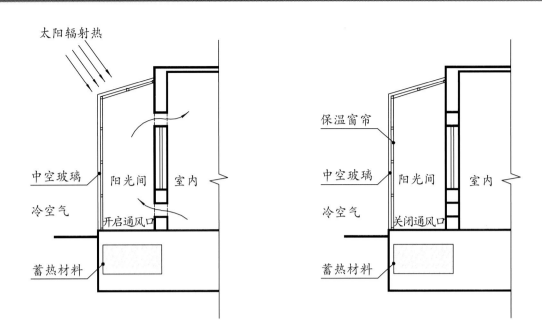

图9 被动式太阳房工作原理

（4）景观绿化

严寒地区村镇居住庭院的景观绿化宜采用乔木、灌木、花草等相配合种植。从注重实效出发，选择适应当地气候特征的、经济型的绿化树种。利用窗下栽花，墙体种植爬藤植物，提高墙体的传热阻，实现对气流有目的性的引导，改善庭院的微气候环境。

第二章 严寒地区村镇居住庭院现状

严寒地区村镇独户式农家庭院布局现状

严寒地区村镇集合式住宅庭院布局现状

□ 严寒地区村镇独户式农家庭院布局现状

▓ 庭院功能布局现状示意图

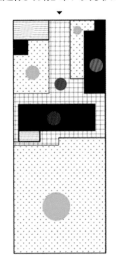 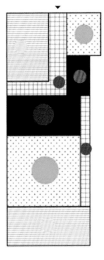 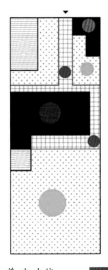 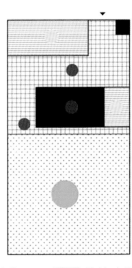

图 例　■居住功能　▨仓储功能　▥养殖功能　▩交通功能　▨种植功能

▓ 庭院布局现状问题

　　严寒地区独户式农家庭院的土地使用粗放，影响庭院利用率，不利于充分发展庭院经济。村镇居民对自家宅院的建设多是按自家需要与经济条件进行分期修建，缺少统一的规划布局，造成庭院整体性较差，影响庭院的功能质量，浪费院落的有效空间，使庭院空间流线组织杂糅、功能布局混乱。

庭院动静分区混杂

生活区与生产区混杂

种植区与养殖区混杂

庭院杂物堆放混乱

庭院洁污分区混杂

庭院功能布局零散

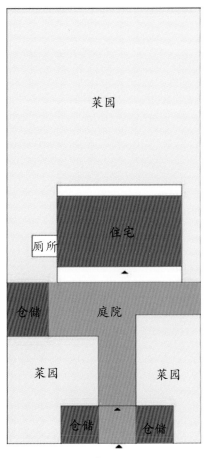

庭院总平面现状图

■ 庭院布局现状图

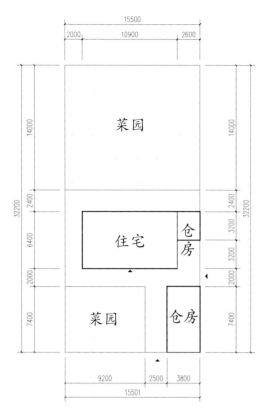

黑龙江省朗乡
迎春村庭院（Ⅰ）

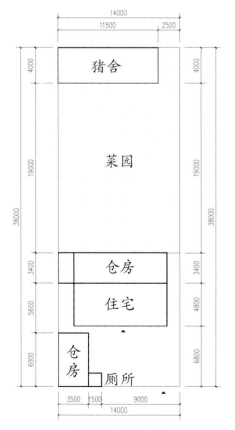

黑龙江省朗乡
达理村庭院

黑龙江省朗乡
迎春村庭院（Ⅱ）

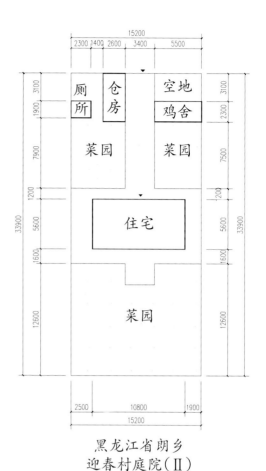

黑龙江省联兴乡
永跃村庭院

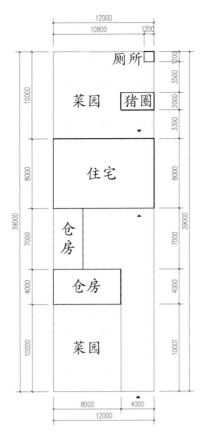

辽宁省庆云镇
兴隆台村庭院

黑龙江省新安镇
自兴屯村庭院

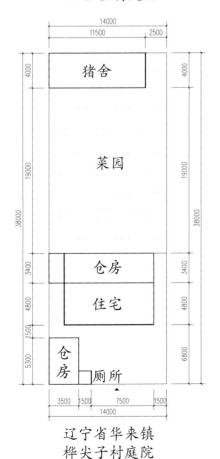

辽宁省华来镇
桦尖子村庭院

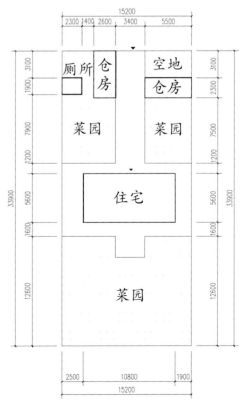

黑龙江省五大连池
邻泉村庭院

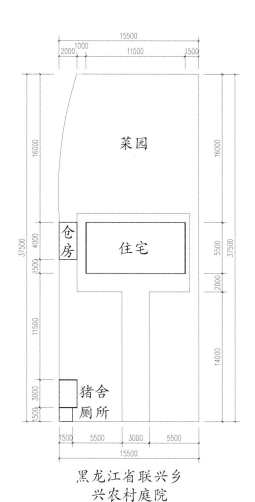

黑龙江省联兴乡
兴农村庭院

黑龙江省联兴乡
永跃村庭院

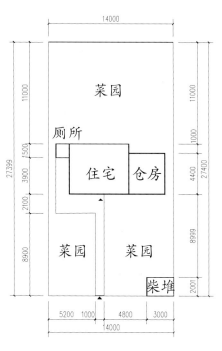

吉林省齐家镇
永安村庭院（Ⅰ）

吉林省齐家镇
永安村庭院（Ⅱ）

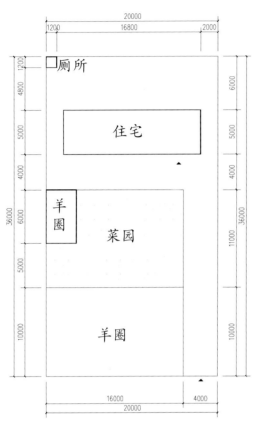

辽宁省庆云镇
河西村庭院

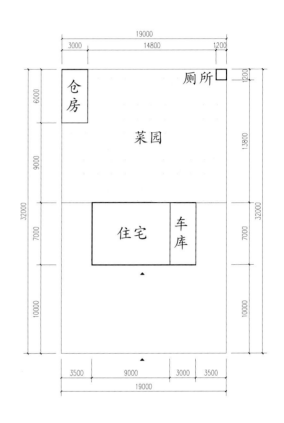

辽宁省庆云镇
老虎头村庭院

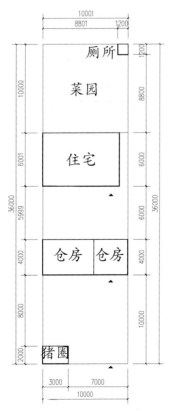

黑龙江省新安镇
西安村庭院

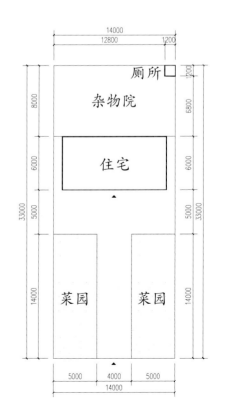

黑龙江省新安镇
光明村庭院

☐ 严寒地区村镇集合式住宅庭院布局现状

■ 村镇集合式住宅场地布局现状

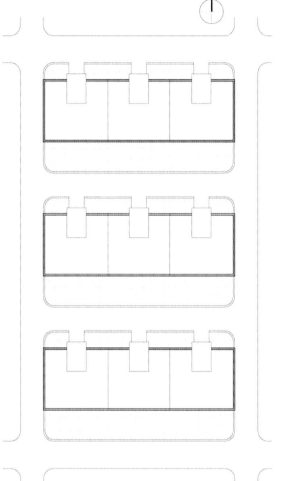

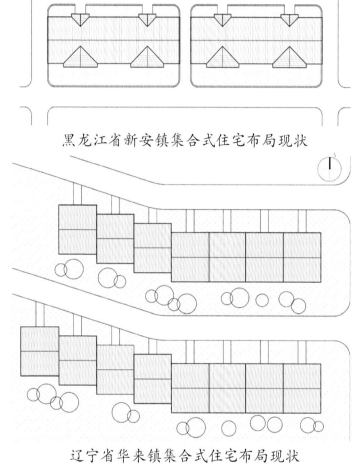

黑龙江省新安镇集合式住宅布局现状

吉林省齐家镇
集合式住宅布局现状

辽宁省华来镇集合式住宅布局现状

■ 现状问题

当前严寒地区村镇仍保持着传统的农家生活与生产方式。但"农民上楼"给村镇居民的生活与生产带来诸多不便之处，主要体现在生产功能与生活功能的缺失。村镇集合式住宅公共庭院重视景观效果，城镇化痕迹比较明显，缺少面向农村生产与生活的功能要素。

第三章 居住庭院分区流线优化设计

种植型庭院分区流线优化

养殖型庭院分区流线优化

商业型庭院分区流线优化

□ 种植型庭院分区流线优化

庭院生活区

庭院生产区

洁污缓冲区

①住　宅　②停　车　③仓　储　④厕　所
⑤休闲平台　⑥种植用地　⑦庭院景观　⑧生活庭院

人行流线　　人行流线

人行流线

车行流线

庭院主要流线

庭院规模：３５０㎡
功能类型：种植型
空间类型：前后院
庭院简介：

　　庭院被住宅分隔为前后两部分，形成生活院和杂务活动场所。南侧院子一般为生活庭院，北侧为种植与家禽散养场地。这种布局方式的分区明确、使用方便、清洁、卫生。在规划布局时应控制好种植用地的规模，避免造成土地浪费。

庭院生活区

庭院生产区

洁污缓冲区

车行流线　　人行流线

庭院主要流线

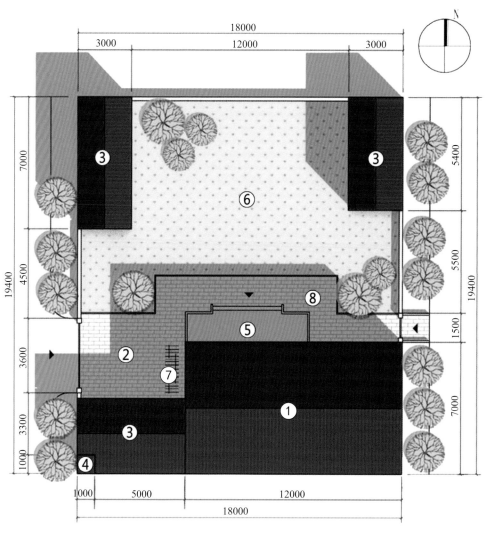

①住　　宅　②停　　车　③仓　　储　④厕　　所
⑤休闲平台　⑥种植用地　⑦庭院景观　⑧生活庭院

庭院规模：３５０㎡
功能类型：种 植 型
空间类型：前宅后院
庭院简介：

　　前宅后院型庭院的住宅布置在居住庭院的南侧或临近宅间路一侧，朝向好。庭院较隐蔽阴凉，适宜进行副业生产加工，提升庭院利用率；前宅后院式庭院流线较为清晰，可以区分动静出口，使庭院形成明确的动静分区与洁污分区。

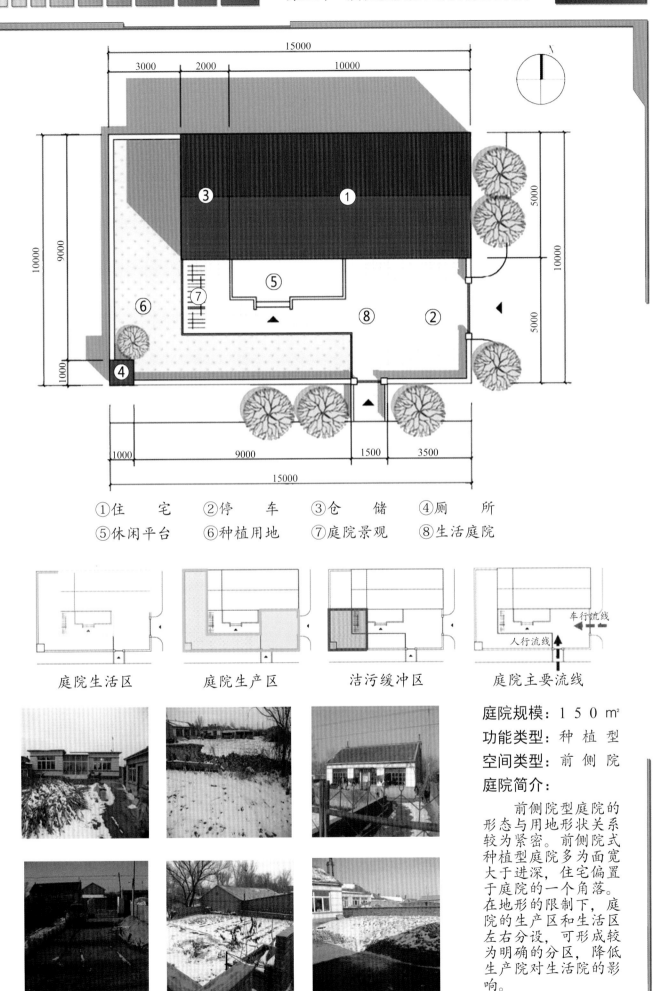

① 住 宅　② 停 车　③ 仓 储　④ 厕 所
⑤ 休闲平台　⑥ 种植用地　⑦ 庭院景观　⑧ 生活庭院

庭院生活区　　庭院生产区　　洁污缓冲区　　庭院主要流线

庭院规模：１５０㎡
功能类型：种植型
空间类型：前侧院
庭院简介：

　　前侧院型庭院的形态与用地形状关系较为紧密。前侧院式种植型庭院多为面宽大于进深，住宅偏置于庭院的一个角落。在地形的限制下，庭院的生产区和生活区左右分设，可形成较为明确的分区，降低生产院对生活院的影响。

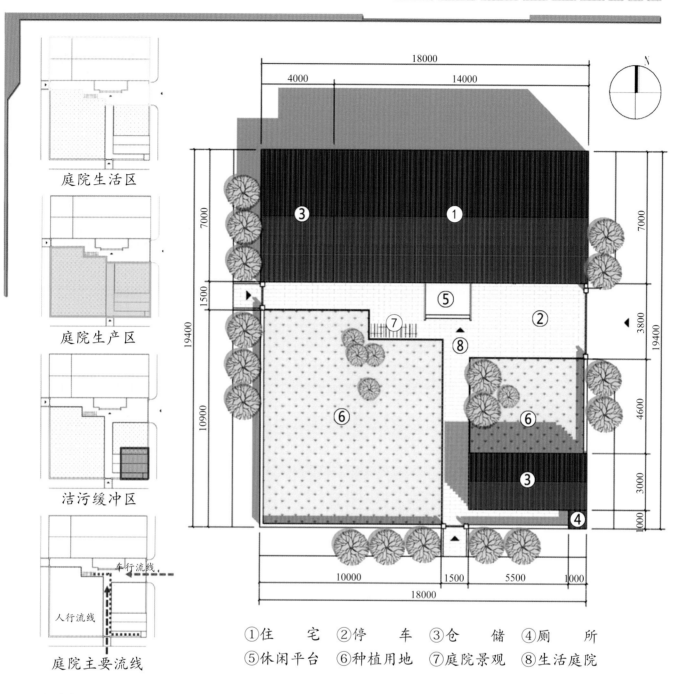

庭院生活区

庭院生产区

洁污缓冲区

车行流线

人行流线

庭院主要流线

18000
4000   14000
7000
1500
19400
10900
7000
3800
19400
4600
3000
1000

③ ① ⑤ ② ⑦ ⑧ ⑥ ③ ⑥ ④

10000   1500   5500   1000
18000

①住　　　宅　②停　　　车　③仓　　　储　④厕　　　所
⑤休闲平台　⑥种植用地　⑦庭院景观　⑧生活庭院

庭院规模：350㎡
功能类型：种植型
空间类型：前院后宅
庭院简介：

　　前院后宅型庭院的住宅一般布置在庭院北侧且远离宅间路的一侧，可以避风向阳。住宅南侧有大面积自留用地，适开展种植与家禽、家畜饲养。由于其生活与生产功能混合在一起，因此在规划设计时应注意合理的分区，避免相互间的干扰。

□ 养殖型庭院分区流线优化

14000
7000　3700　3300

⑤　④　②

⑤养殖用房

①住宅

⑦

⑥　⑧　③　③

2000　3500　1500　3500　3500
14000

①住　　宅　②停　　车　③仓　　储　④饲料加工
⑤养殖用房　⑥厕　　所　⑦休闲平台　⑧生活庭院

庭院生活区

庭院生产区

洁污缓冲区

车行流线

人行流线

庭院主要流线

庭院规模：３５０㎡
功能类型：养　殖　型
空间类型：前　后　院
庭院简介：

　　养殖型庭院由于功能要求，建筑数量较多，庭院围合感较强。庭院布局重点是解决人畜分离、洁污分离、动静分离，前后院可分别设置出入口，避免禽畜活动区与居民活动区过多交叉；统一建设禽畜圈舍，避免因分散布局而造成用地浪费。

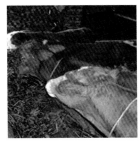

商业型庭院分区流线优化

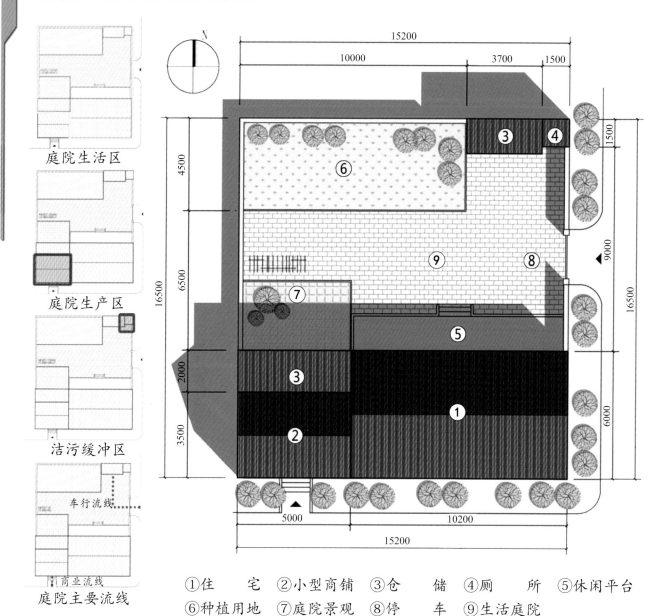

庭院生活区

庭院生产区

洁污缓冲区

车行流线

商业流线

庭院主要流线

①住　　宅　②小型商铺　③仓　　储　④厕　　所　⑤休闲平台
⑥种植用地　⑦庭院景观　⑧停　　车　⑨生活庭院

庭院规模：２５０㎡
功能类型：商 业 型
空间类型：前宅后院
庭院简介：

　　商业型庭院以前宅后院型较为多见，主要因为店铺临街有利于商业活动。庭院商业功能主要包括村镇食杂店、小型饭店等，多数与住宅店铺合建，节省用地。此类庭院的规划布局应形成合理的动静功能分区，宜在庭院中另设置出入口供自家使用，避免商业活动对日常生活造成影响。

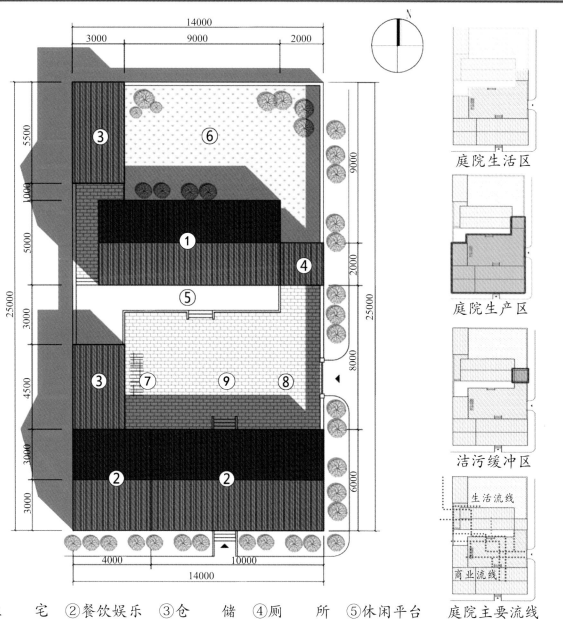

庭院生活区

庭院生产区

洁污缓冲区

生活流线

商业流线

庭院主要流线

①住　　宅　②餐饮娱乐　③仓　　储　④厕　　所　⑤休闲平台
⑥种植用地　⑦庭院景观　⑧停　　车　⑨生活庭院

庭院规模：３５０㎡
功能类型：商　业　型
空间类型：前　后　院
庭院简介：

　　前后院型商业庭院的布局，是将宅与街布局铺临于宅内院，店铺设于功能区，减住宅形成从住宅规模可各自独立小干扰。店铺出来，形成适合的中拓展，形成功能生活与大型餐饮可围合出明确院型生产可用院，形成在分区。规划布局应前满足需求的前提下，按地方土地管理办法严格限制其规模。

第四章 居住庭院功能模式优化设计

▢严寒地区村镇居住庭院功能模式拓展

▦种植型庭院功能模式拓展

　　严寒地区村镇种植型庭院主要功能包括住宅、种植院、存储用房，部分包括禽畜饲养用房、车库等。种植型庭院形态类型包括前院后宅型、前后院型、前宅后院型与前侧院型。目前种植庭院的功能问题主要包括：存储空间不足，杂物在庭院中露天堆放，庭院经营类型单一，缺少供农机与机动车停放的空间，集合式住宅的公共院落空间缺少晾晒场所与农具存放场所。

　　针对以上问题，对种植型庭院功能模式进行拓展，将必要功能按照四种院落空间形态进行组合，以满足种植型庭院的生活与生产需求。

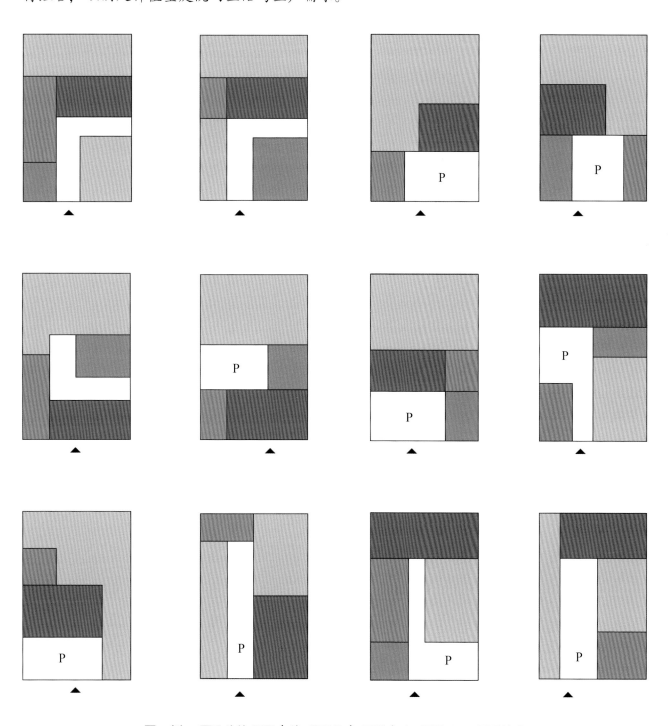

图　例　▢种植　▨仓储　▨住宅　▢商业　▨景观　P 停车

▨ 养殖型庭院功能模式拓展

　　严寒地区村镇养殖型庭院主要功能包括住宅、禽畜饲养用房、存储用房，部分包括小型种植院、自家饲料加工用房、车库等。养殖型庭院空间形态包括前后院型、前侧院型、前宅后院型。严寒地区村镇养殖庭院功能问题主要包括：饲养用房布局方式不合理，对庭院生活环境影响较大；不同养殖类型用房混杂，相互干扰，卫生防疫问题突出；缺少饲料加工与存放空间；庭院内缺少大型货运车的停放场所，不便于牲畜运输与饲料装卸；缺少必要的种植园地以满足自家需求。

　　针对以上问题，对养殖型庭院功能模式进行拓展，将必要功能按照四种院落空间形态进行组合，以满足养殖型庭院的生活与生产需求。

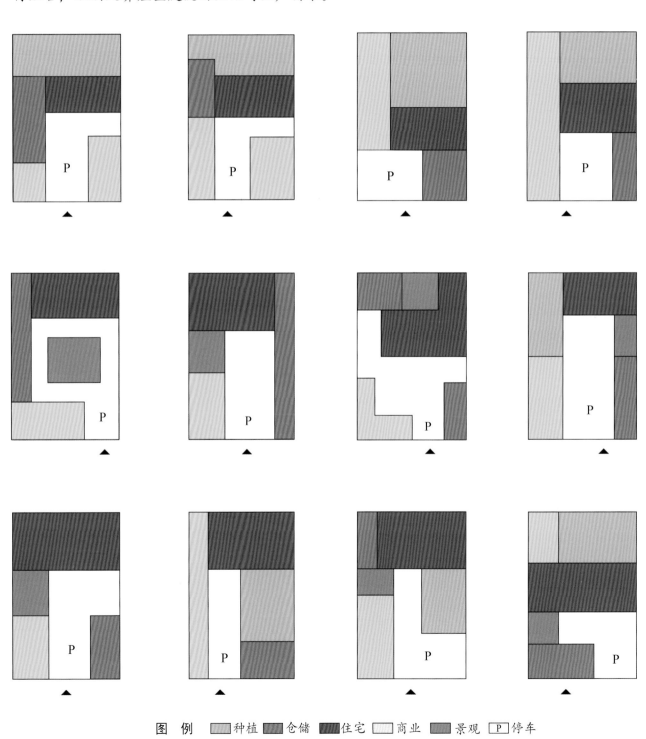

图　例　▨种植　▨仓储　▨住宅　▢商业　▨景观　P停车

商业型庭院功能模式拓展

　　严寒地区村镇商业型庭院主要功能包括住宅、商业用房、商业存储、生活存储，部分包括小型种植院、禽畜饲养用房、车库、自家饲料加工车间等。庭院空间形态以前宅后院型为主，少数为前侧院型。严寒地区村镇商业型庭院的功能问题主要包括：商业功能与居住功能合二为一，二者相互影响严重；商品存储与生活存储混杂，货物存取流线混杂，空间浪费；缺少汽车停放空间、必要的种植园地与养殖圈舍。

　　针对以上问题，对商业型庭院功能模式进行拓展，将必要功能按照四种院落空间形态进行组合，以满足商业型庭院的生活与生产需求。

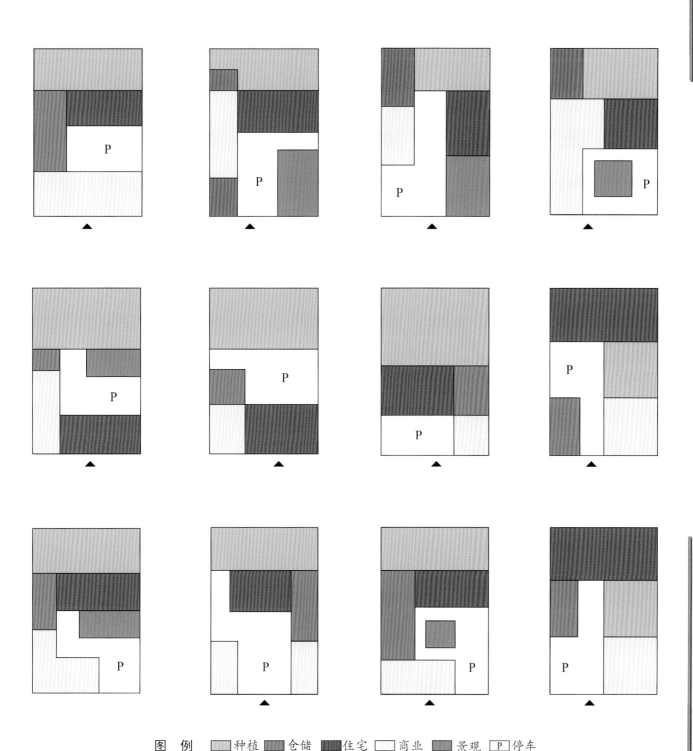

图　例　种植　仓储　住宅　商业　景观　P 停车

种植型庭院功能模式优化

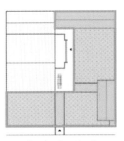

庭院生活区

庭院生产区

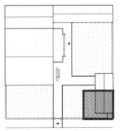

洁污缓冲区

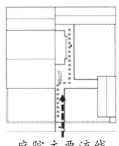

庭院主要流线

① 住　　宅　　② 停　　车　　③ 仓储用房　　④ 厕　　所
⑤ 休闲平台　　⑥ 种植用地　　⑦ 庭院景观　　⑧ 生活庭院

庭院规模：３３０㎡
功能类型：种 植 型
空间类型：前 侧 院
模式改进说明：

　　以前侧院型庭院为基础，在北侧增加仓储或养殖用房，可有效降低冬季季风对庭院内环境的影响。庭院绿化种植不仅可美化庭院环境，同时可在夏季增湿降温，起到改善庭院微气候环境的作用。

模式改进

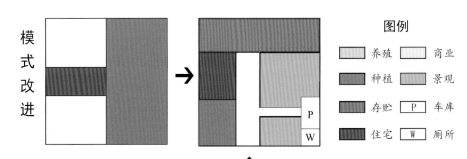

图例

养殖	商业
种植	景观
存贮	P 车库
住宅	W 厕所

设计意象

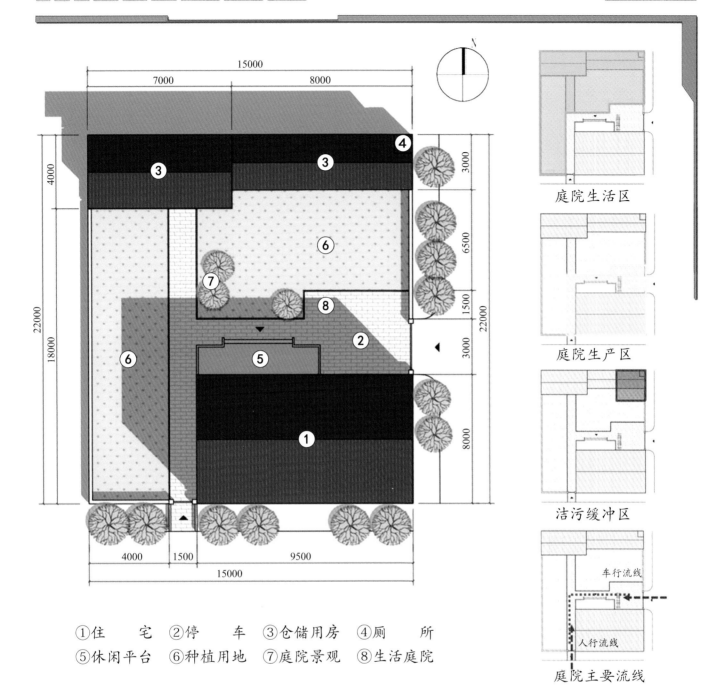

庭院生活区

庭院生产区

洁污缓冲区

庭院主要流线

①住　　宅　②停　　车　③仓储用房　④厕　　所
⑤休闲平台　⑥种植用地　⑦庭院景观　⑧生活庭院

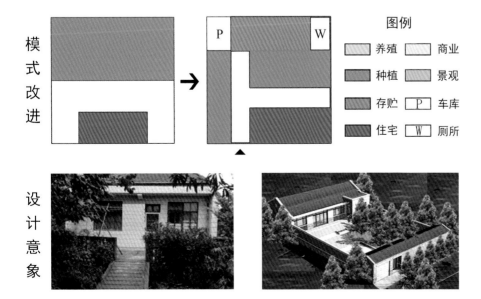

模式改进

图例

养殖　商业
种植　景观
存贮　P 车库
住宅　W 厕所

设计意象

庭院规模：３３０ ㎡
功能类型：种 植 型
空间类型：前宅后院
模式改进说明：

　　以前宅后院型庭院为基础，在西北侧增加仓储用房或养殖用房，并且预留出种植用地。在庭院中增设绿化景观，既可以美化庭院，又可以在冬季降低季风对庭院内部环境的影响，起到增强庭院的气候适应性作用。

□养殖型庭院功能模式优化

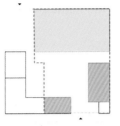

庭院生活区

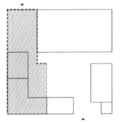

庭院生产区

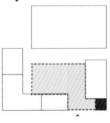

洁污缓冲区

车行流线
人行流线

庭院主要流线

①住　　宅　②停　　车　③仓储用房　④厕　　所
⑤休闲平台　⑥庭院景观　⑦养殖用房　⑧饲料加工

庭院规模：３３０㎡
功能类型：养殖型
空间类型：前院后宅
模式改进说明：

　　以前院后宅型庭院为基础，用住宅取代北侧的种植用地，在西侧建养殖用房，在南侧建仓储用房，在庭院中部增设小规模的庭院景观。围合的建筑实体与庭院景观在冬季可以有效阻挡季风，增强庭院的气候适应性。

模式改进

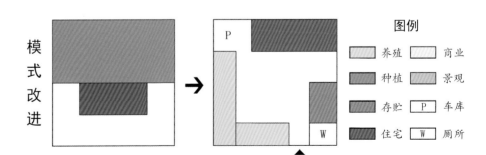

图例

养殖		商业
种植		景观
存贮	P	车库
住宅	W	厕所

设计意象

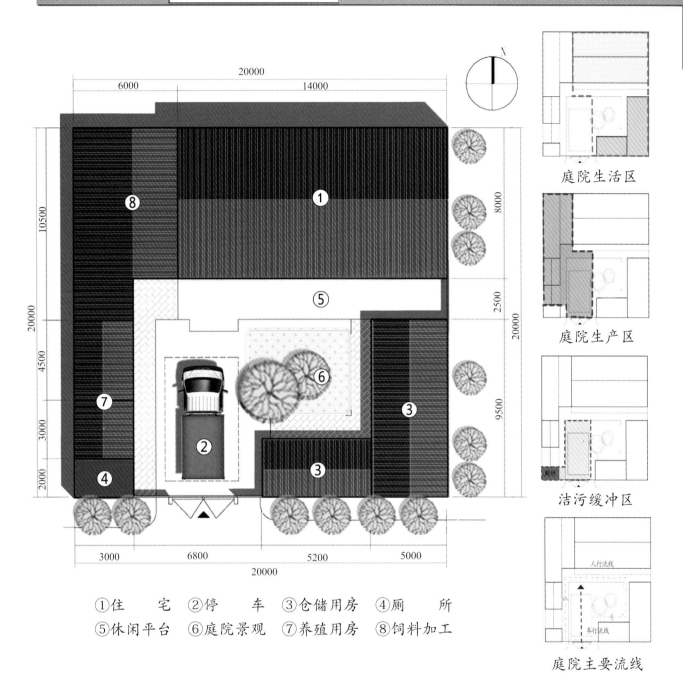

①住　　宅　②停　　车　③仓储用房　④厕　　所
⑤休闲平台　⑥庭院景观　⑦养殖用房　⑧饲料加工

庭院生活区

庭院生产区

洁污缓冲区

庭院主要流线

模式改进

图例

养殖　　商业
种植　　景观
存贮　P 车库
住宅　W 厕所

设计意象

庭院规模：４００㎡
功能类型：养　殖　型
空间类型：前院后宅
模式改进说明：

　　以前院后宅型庭院为基础，在西北侧建养殖用房以形成抵御冬季季风的屏障；在庭院东南侧增加仓储用房；在中部增设小规模的庭院景观，使养殖区、停车区与生活区有效间隔开，避免动静分区之间的相互影响。

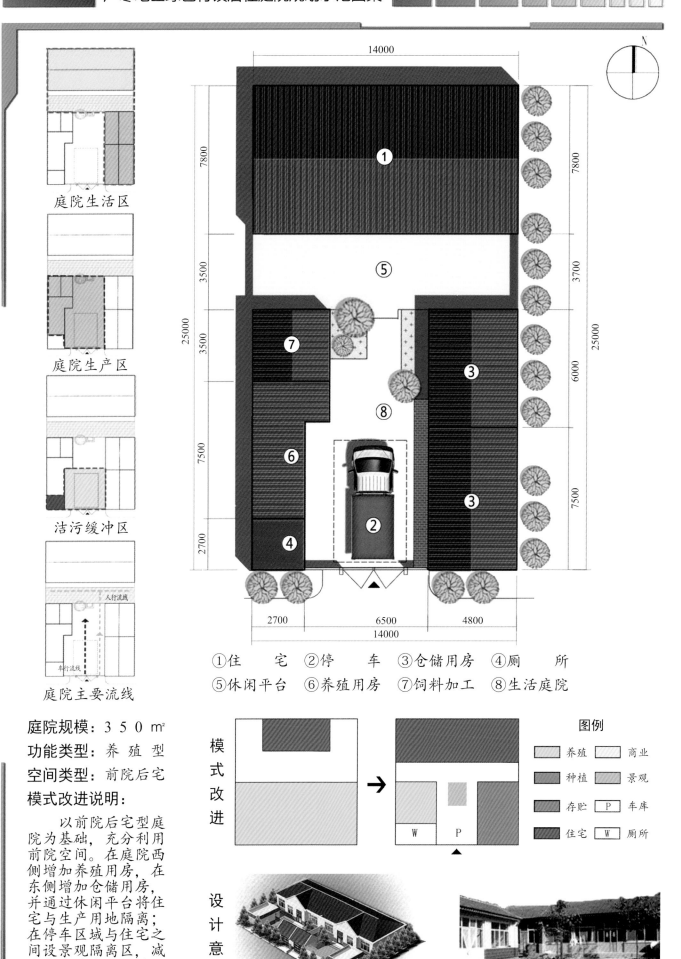

庭院生活区

庭院生产区

洁污缓冲区

庭院主要流线

①住　　宅　②停　　车　③仓储用房　④厕　　所
⑤休闲平台　⑥养殖用房　⑦饲料加工　⑧生活庭院

庭院规模：３５０㎡
功能类型：养殖型
空间类型：前院后宅
模式改进说明：

　　以前院后宅型庭院为基础，充分利用前院空间。在庭院西侧增加养殖用房，在东侧增加仓储用房，并通过休闲平台将住宅与生产用地隔离；在停车区域与住宅之间设景观隔离区，减少各个功能之间的不利影响。

模式改进

图例
养殖　　商业
种植　　景观
存贮　P 车库
住宅　W 厕所

设计意象

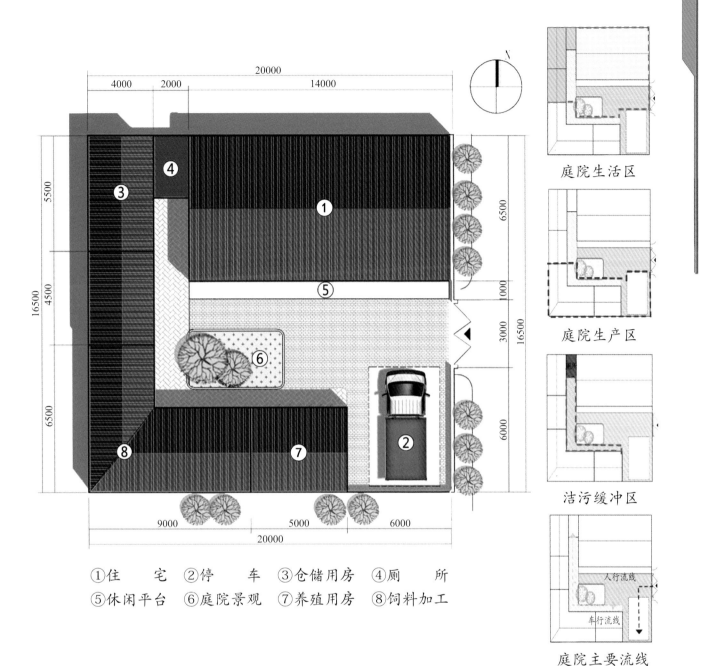

① 住　　宅　② 停　　车　③ 仓储用房　④ 厕　　所
⑤ 休闲平台　⑥ 庭院景观　⑦ 养殖用房　⑧ 饲料加工

庭院生活区

庭院生产区

洁污缓冲区

庭院主要流线

模式改进

图例

养殖	商业
种植	景观
存贮	P 车库
住宅	W 厕所

设计意象

庭院规模：３３０㎡
功能类型：养 殖 型
空间类型：前院后宅
模式改进说明：

　　以前院后宅型庭院为基础，在庭院西北侧增加仓储用房，在西南侧增加养殖用房，对冬季季风与夏季日晒起到有效的阻挡。通过在庭院中心增设庭院景观，阻隔养殖用房和住宅，降低养殖功能对日常生活的干扰。

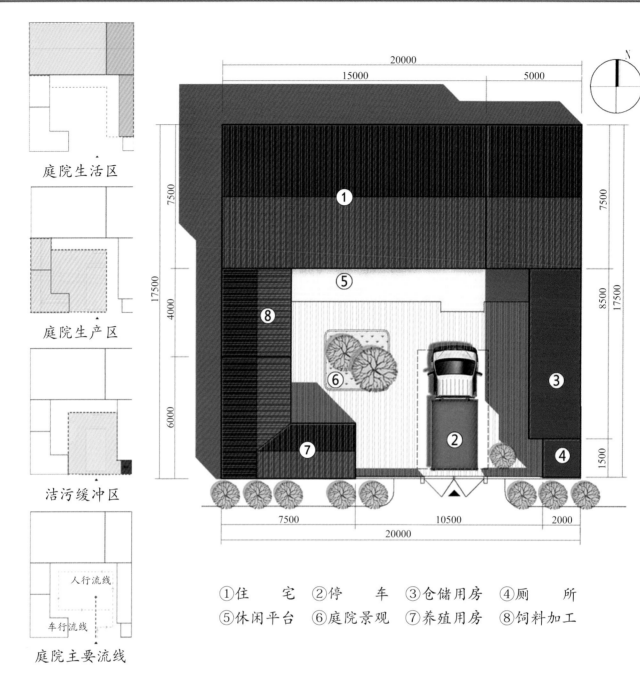

庭院生活区

庭院生产区

洁污缓冲区

人行流线

车行流线

庭院主要流线

①住　　宅　②停　　车　③仓储用房　④厕　　所
⑤休闲平台　⑥庭院景观　⑦养殖用房　⑧饲料加工

庭院规模：３５０㎡
功能类型：养　殖　型
空间类型：前院后宅
模式改进说明：

　　以前院后宅型庭院为基础，将前院中的养殖用房移至庭院西南侧，在东侧增加仓储用房，在西侧增加养殖用房，在中部增加小规模的庭院景观，入口处的生活庭院可兼作临时停车，满足养殖及仓储物资的装卸与运输需求。

模式改进

设计意象

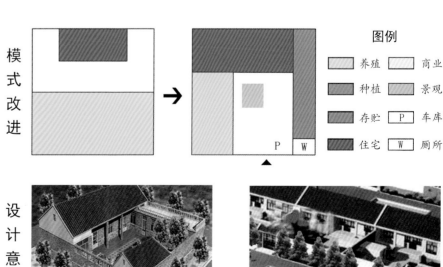

图例

养殖　　商业
种植　　景观
存贮　P 车库
住宅　W 厕所

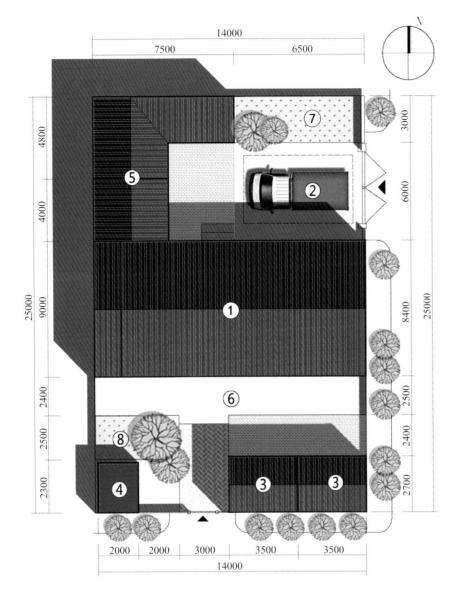

①住　宅　②停　车　③仓储用房　④厕　所
⑤养殖用房　⑥休闲平台　⑦种植用地　⑧庭院景观

庭院生活区

庭院生产区

洁污缓冲区

庭院主要流线

车行流线

人行流线

模式改进

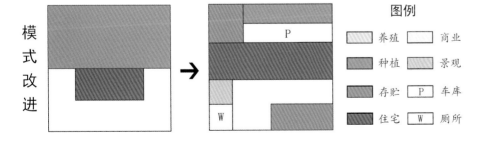

图例

养殖	商业
种植	景观
存贮	P 车库
住宅	W 厕所

设计意象

庭院规模：３５０㎡
功能类型：养　殖　型
空间类型：前　后　院
模式改进说明：

以前后院型庭院为基础，在西北侧增加仓储或养殖用房，能够有效抵御冬季季风；生产院入口附近可做临时停车，以满足仓储与饲养物资的运输需求。南向生活院以景观为主，美化前院生活空间。

庭院生活区

庭院生产区

洁污缓冲区

人行流线

车行流线

庭院主要流线

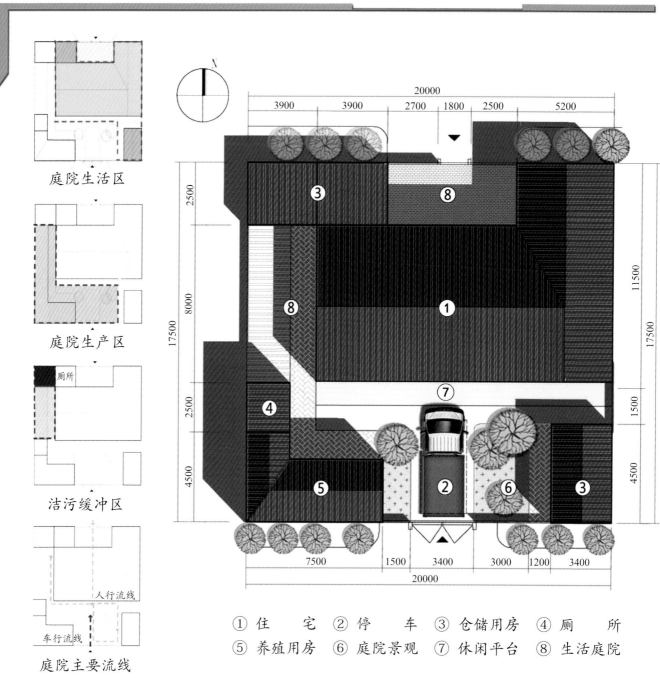

① 住　宅　② 停　车　③ 仓储用房　④ 厕　所
⑤ 养殖用房　⑥ 庭院景观　⑦ 休闲平台　⑧ 生活庭院

庭院规模：３５０㎡
功能类型：养殖型
空间类型：前后院
模式改进说明：

　　以前后院型庭院为基础，在西北角建生活仓储用房，在西南角建养殖用房，既可阻挡冬季季风又可遮挡夏季日晒。南侧入口处的采摘园既满足了居民对自家蔬果的需求，又丰富了庭院日常的生活乐趣。

模式改进

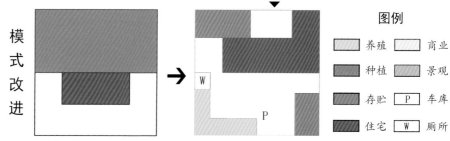

图例

养殖　　商业
种植　　景观
存贮　P 车库
住宅　W 厕所

设计意象

商业型庭院功能模式优化

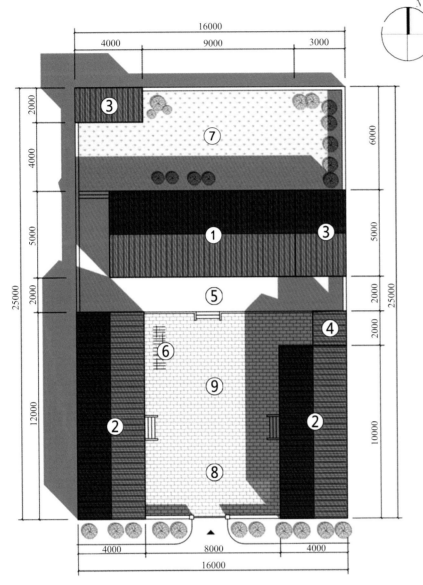

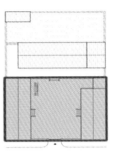

庭院生活区

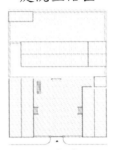

庭院生产区

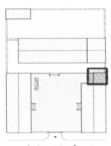

洁污缓冲区

生活流线
商业流线

庭院主要流线

①住　　宅　②餐饮娱乐　③仓储用房　④厕　　所　⑤休闲平台
⑥庭院景观　⑦种植用地　⑧停　　车　⑨生活庭院

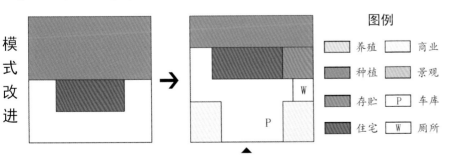

模
式
改
进

图例

养殖　　商业
种植　　景观
存贮　P 车库
住宅　W 厕所

庭院规模：４００㎡
功能类型：商　业　型
空间类型：前　后　院
模式改进说明：

　　以前后院型庭院
为基础，保留北侧的
种植用地，在西南侧
和东南侧建设餐饮用
房，增加村镇庭院的
商业功能。南侧的饭
店将前院自然围合成
一个开放型的院落，
可以满足夏季村镇的
大、中型庆典活动。

设
计
意
象

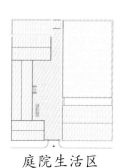

庭院生活区

庭院生产区

洁污缓冲区

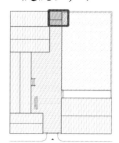

商业流线　生活流线

庭院主要流线

① 住　　宅　② 餐饮娱乐　③ 仓储用房　④ 厕　　所
⑤ 休闲平台　⑥ 种植用地　⑦ 停　　车　⑧ 生活庭院

庭院规模：３５０㎡
功能类型：商　业　型
空间类型：前　后　院
模式改进说明：

　　以前后院型庭院为基础，将种植用地集中在庭院东北侧，在西南侧增加餐饮功能，满足庭院的商业需求；在西北侧增加仓储用房，形成较为封闭的生活用院，既可在冬季阻挡西北向季风，又可在夏季遮挡日晒。

模式改进

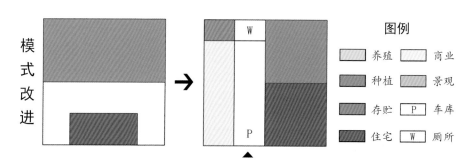

图例

养殖　　商业
种植　　景观
存贮　P 车库
住宅　W 厕所

设计意象

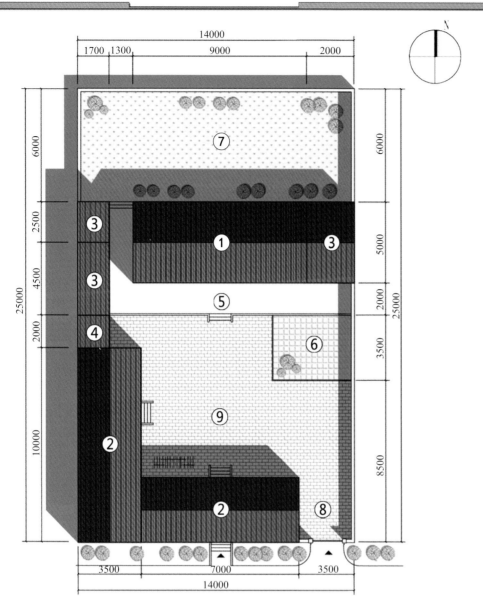

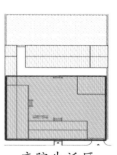
庭院生活区

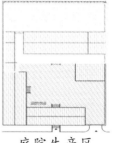
庭院生产区

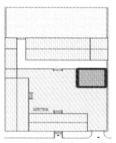
洁污缓冲区

庭院主要流线

①住　　宅　②餐饮娱乐　③仓储用房　④厕　　所　⑤休闲平台
⑥庭院景观　⑦种植用地　⑧停　　车　⑨生活庭院

模式改进

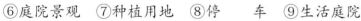

图例	
养殖	商业
种植	景观
存贮	P 车库
住宅	W 厕所

设计意象

庭院规模：350㎡
功能类型：商业型
空间类型：前后院
模式改进说明：

　　以前后院型庭院为基础，保留北侧的种植用地，在西侧增加仓储用房，在前院中增加餐饮功能，并在前院的东北角增加小规模的庭院景观，不仅保证功能的复合化，而且有利于生活庭院的景观效果。

□集合式住宅公共庭院功能模式优化

■设计意向

村镇集合式住宅公共庭院的规划设计与建设实施应结合村镇居民种植与养殖的需求，为其预留出生产所需的场所空间，并合理组织功能布局。村镇集合式住宅的公共庭院应包括种植与养殖场所、农作物晾晒场地、农机停放场地、农具和杂物放置间等。

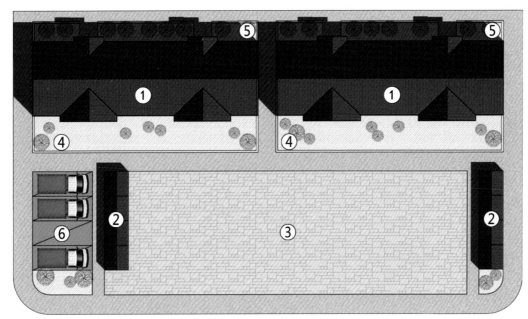

① 集合式住宅　② 农具杂物储藏　③ 晾晒广场
④ 预留种植园地　⑤ 宅间绿地　⑥ 农机停放

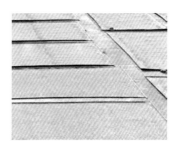

晾晒广场示意图

农机停放场地示意图

第五章　居住庭院气候适应性优化设计

种植型庭院气候适应性优化

养殖型庭院气候适应性优化

商业型庭院气候适应性优化

种植型庭院气候适应性优化

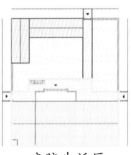

庭院生活区

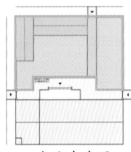

庭院生产区

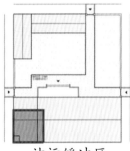

洁污缓冲区

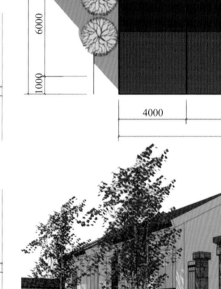

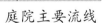

车行流线

人行流线

庭院主要流线

①住　　宅
②停　　车
③仓储用房
④厕　　所
⑤休闲平台
⑥种植用地
⑦庭院景观
⑧生活庭院

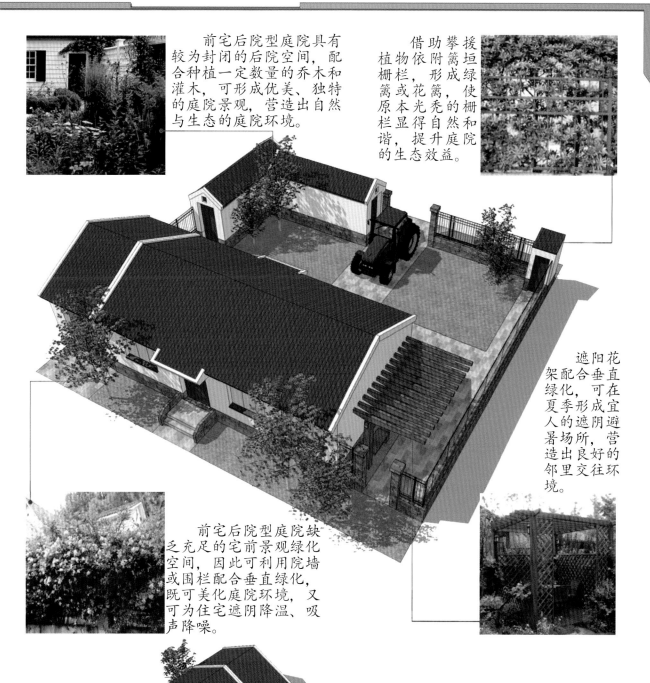

前宅后院型庭院具有较为封闭的后院空间，配合种植一定数量的乔木和灌木，可形成优美、独特的庭院景观，营造出自然与生态的庭院环境。

借助攀援植物依附篱栅或花篱，形成绿篱和花篱，使原本光秃的栏栅显得自然和谐，提升庭院的生态效益。

花直在宜避暑营造出良好的邻里交往环境。遮阳架配合垂直绿化，可在夏季形成宜人的遮阴场所。

前宅后院型庭院缺乏充足的宅前景观绿化空间，因此可利用院墙或围栏配合垂直绿化，既可美化庭院环境，又可为住宅遮阴降温、吸声降噪。

规划布局说明

　　在进行前宅后院式种植型庭院的布局时，宜在庭院西北侧设置附属用房以阻挡冬季季风直接侵袭庭院；适当加大生活庭院的进深，可扩大庭院在冬季的日照区域；住宅与庭院西侧界线保留一定距离，使西向日照可在冬季下午最大程度照入庭院；在庭院西侧适当种植落叶乔木，树荫可在夏季减小西向日照的影响，并且在冬季不影响日光照入庭院。

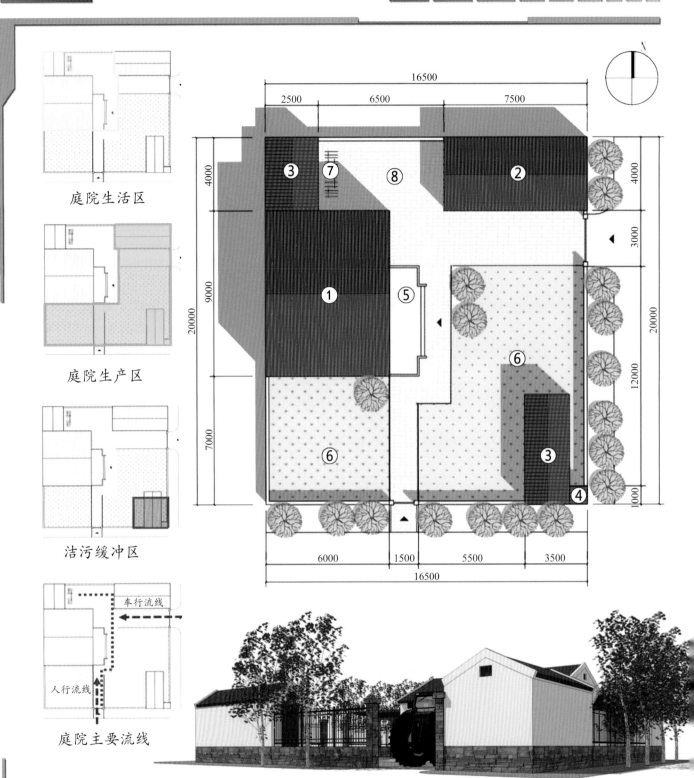

庭院生活区

庭院生产区

洁污缓冲区

车行流线

人行流线

庭院主要流线

① 住　　宅
② 停　　车
③ 仓储用房
④ 厕　　所
⑤ 休闲平台
⑥ 种植用地
⑦ 景观遮阳
⑧ 生活庭院

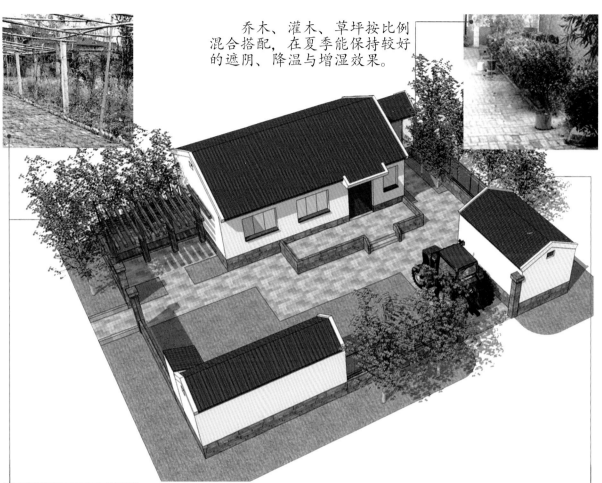

乔木、灌木、草坪按比例混合搭配，在夏季能保持较好的遮阴、降温与增湿效果。

种植型庭院空间较为开敞，建筑围合感较弱，在夏季很难形成遮阴避暑的环境。景观遮阳花架在夏季可以为庭院营造宜人的生活空间环境，增进村民之间沟通与交流，形成良好的邻里氛围。

镂空院墙配合垂直绿化，既可以增强庭院的通透性，同时可以降低庭院周边空气的流动速度。

规划布局说明

进行前侧院式种植型庭院的布局时，应在院内东西向布置辅助用房以减缓冬季冷空气流速；在庭院西侧种植落叶乔木以避免夏季日晒，同时可在冬季争取长时间日照；应在庭院生活院中增设景观遮阳设施，营造良好的庭院生活环境。

□养殖型庭院气候适应性优化

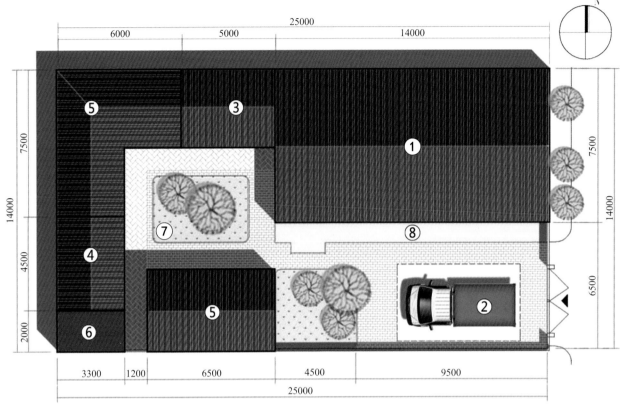

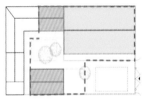
庭院生活区

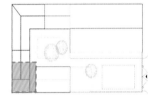
庭院生产区

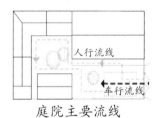
洁污缓冲区

庭院主要流线

①住　　宅
②停　　车
③仓储用房
④饲料加工
⑤养殖用房
⑥厕　　所
⑦生活庭院
⑧休闲平台

屋檐有效起到遮阳的作用，通过室外空气对流完成室内外的热交换，大大减轻了制冷的能耗负载，能有效起到节能作用。

在选择庭院景观的植物种类时，需要考虑植物生长特性，兼顾庭院景观的地方特色，使其保持与周边环境的和谐。

利用开敞型庭院廊架种植爬藤植物，不仅能结合庭院的生态系统美化环境，而且能够发挥遮阳的效果，为居民提供休憩场所。

规划布局说明

在进行前侧院式养殖型庭院的布局时，首先应注意左右两侧不同功能分区之间的相互隔离与缓冲。建筑围合的庭院，宜在其中配植绿色植物，既可提升庭院内的环境质量，又能起到不同分区之间的隔离与过渡作用。此外可在生活院南部加设景观遮阳构筑物，营造良好的庭院生活环境氛围，提升庭院生活价值与村镇居民的生活质量。

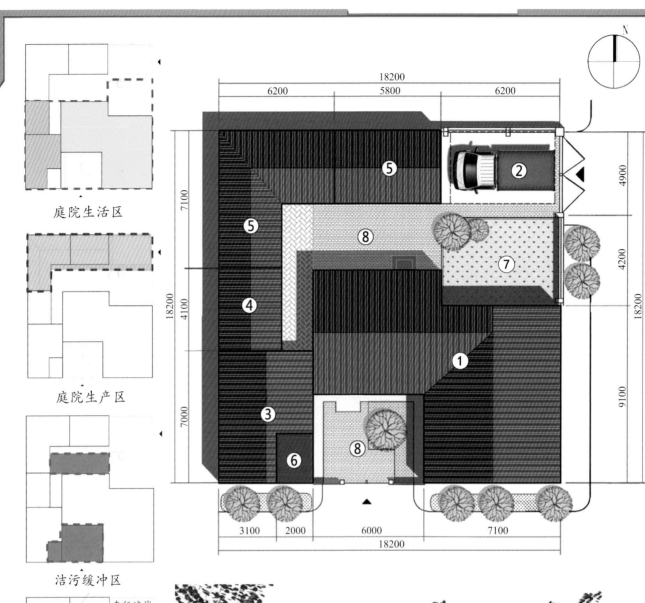

庭院生活区

庭院生产区

洁污缓冲区

车行流线

人行流线

庭院主要流线

①住　　宅
②停　　车
③仓储用房
④饲料储藏
⑤养殖用房
⑥厕　　所
⑦种植用地
⑧生活庭院

在镂空院墙上覆盖攀缘的植物，不仅可美化墙面，也可在庭院内侧形成小面积的阴影空间，起到更好的遮阳效果，同时分隔外部空间和院内的私密空间。

营造狭长的空间，可提高庭院内部的空气流速，促进空气流通，带走建筑周边热量，是庭院夏季降温、保持凉爽环境的有效措施。

将屋面划分成若干排水区，按一定的排水坡度把屋面雨水沿指定方向有组织地排泄到庭院内的雨水收集系统中。收集的雨水可循环利用于灌溉菜园、果园等。

规划布局说明

在进行前后院式养殖型庭院的布局时，首先应利用住宅与附属用房形成围合的庭院空间形式。在满足日照的前提下，将建筑呈L形建设，并配合植物种植来围合成生活院；其次，在后院西北角落设置饲养圈舍，既可以阻挡冬季季风，又使其处于夏季主导风向的下风向，降低对庭院内空气质量的影响。在规模允许的前提下，宜在后院开辟种植用地，使种植与养殖协同经营，实现庭院资源多级循环利用。

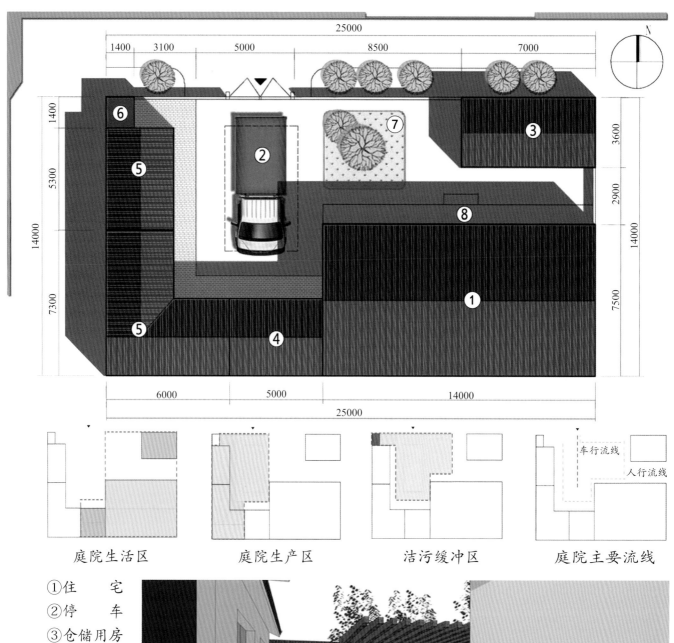

庭院生活区　　　　　庭院生产区　　　　　洁污缓冲区　　　　　庭院主要流线

①住　　宅
②停　　车
③仓储用房
④饲料加工
⑤养殖用房
⑥厕　　所
⑦生活庭院
⑧休闲平台

根据家庭对庭院景观品物的喜好，村镇家庭根据自家喜好进行景观布置，一般以植物、小型构筑物为主，丰富庭院景观，美化庭院环境，提升生活质量。

绿色植物易于形成天然屏障，在庭院与庭院间起到分隔的作用，从人的视觉上形成安全隔离与空间划分。

庭院中的果树和菜畦，能起到调节庭院整体微气候的作用。植物不但可抵挡风吹日晒、降低噪音，还可将不佳的环境遮挡、隐藏起来。

规划布局说明

进行前宅后院式养殖型庭院的布局时，首先应在庭院西北侧布置辅助用房，以起到对冬季季风的阻尼效果；其次将容易产生空气污染的附属用房（圈舍、旱厕等）布置在夏季主导风向的下风向，避免其对庭院内部空气质量及生活环境的影响；在生活院与养殖院之间设置庭院景观，既可以形成二者之间的相互分隔，又能够优化庭院环境。

□商业型庭院气候适应性优化

庭院生活区

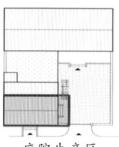

庭院生产区

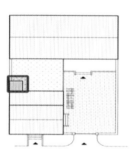

洁污缓冲区

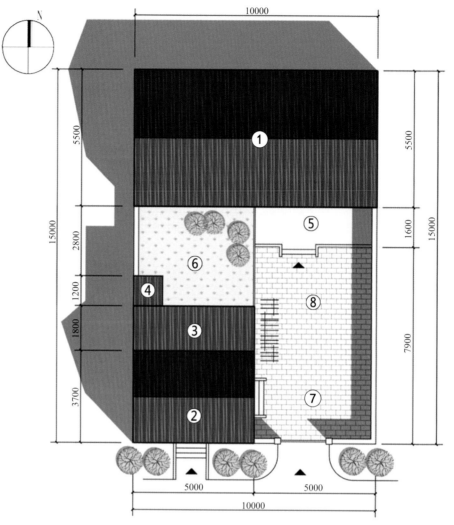

休憩流线

生活流线

商业流线

庭院主要流线

①住　　宅
②小型店铺
③仓储用房
④厕　　所
⑤休闲平台
⑥种植用地
⑦停　　车
⑧生活庭院

在庭院较宽敞区域设立棚架或拱门，种植紫藤、葡萄等蔓藤植物，可以遮阳降温。

庭院内部种植观赏性乔木与灌木，减少夏季烈日的高温炎热，改善庭院生活环境。

庭院环境由建筑、围墙、种植圃等组成。乔木、绿篱合理搭配，可增加庭院空气湿度，降低夏季庭院环境温度，起到降温避暑的效果。

在庭院内部种植适宜北方气候的果树，既能提高庭院的绿化水平、改善微气候、丰富庭院色彩，同时具有一定的实用性。

规划布局说明

　　进行前院后宅式商业庭院的布局时，首先宜将加建的商业用房布置于庭院西南角，并在庭院西侧院墙内配植高大落叶乔木，可有效降低夏季西向日晒对住宅的直接影响；其次将仓储用房紧邻庭院的出、入口设置，并可与商铺合建，缩短物流路径，紧凑庭院用地，降低商业活动对生活区的干扰。

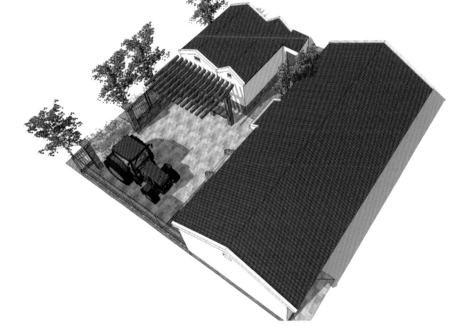

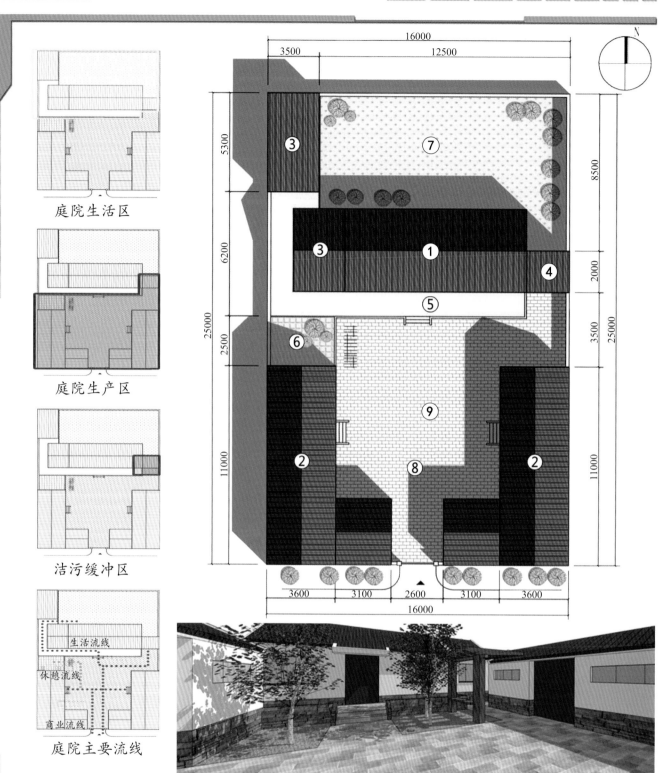

庭院生活区

庭院生产区

洁污缓冲区

生活流线

休憩流线

商业流线

庭院主要流线

①住　　宅
②餐饮娱乐
③仓储用房
④厕　　所
⑤休闲平台
⑥庭院景观
⑦种植用地
⑧停　　车
⑨生活庭院

在墙基外种植爬山虎等蔓藤植物，可以降低夏季烈日造成的灼热感，同时可以改善庭院的视觉环境。

光滑墙面易造成光线反射，在夏季提高庭院内的环境温度，影响庭院内部微气候环境。在墙面与院墙上种植攀缘类植物，可降低表面的反射率。

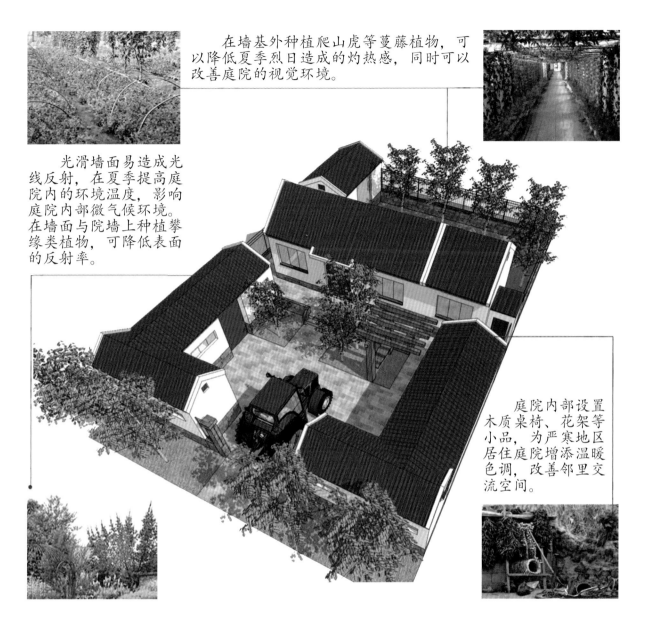

庭院内部设置木质桌椅、花架等小品，为严寒地区居住庭院增添温暖色调，改善邻里交流空间。

规划布局说明

在进行前后院式商业型庭院的布局时，首先应充分利用商业院落用地，将其建设为较为闭合的庭院形式，以形成相对独立、宜人的微气候环境，延长全年的庭院经营时间；商业庭院内应预留足够的机动车停放场地或用房；生产庭院较为开敞，因此应在此类院落西北角落建设辅助仓储用房以阻挡冬季季风；在住宅北侧外窗下宜配植低矮灌木，起到对冬季季风的引导作用，使其不致直接影响室内环境。

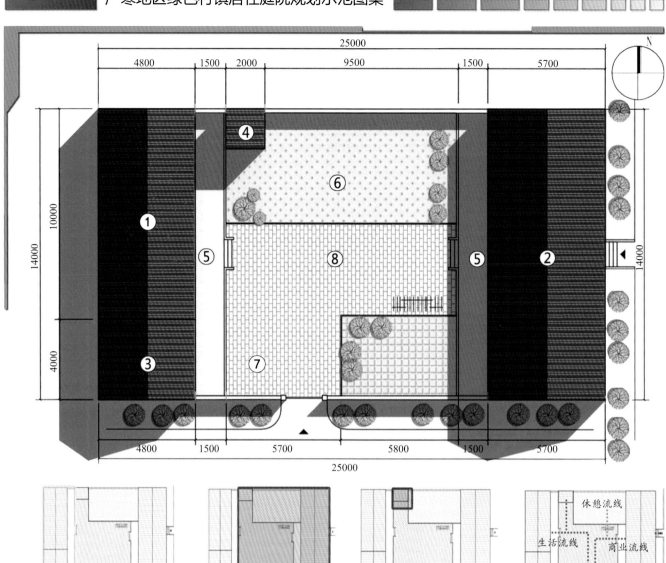

25000

4800 1500 2000 9500 1500 5700

10000

14000

14000

4800 1500 5700 5800 1500 5700

25000

庭院生活区

庭院生产区

洁污缓冲区

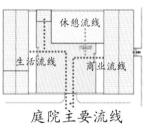

休憩流线

生活流线 商业流线

庭院主要流线

①住　　宅
②餐饮娱乐
③仓储用房
④厕　　所
⑤休闲平台
⑥种植用地
⑦停　　车
⑧生活庭院

景观遮阳花架可为庭院在夏季营造宜人的休憩空间，增进村民之间的交流；在农忙时节可作为晾晒的场所。

以严寒地区常见的果树、灌木等植物为素材，营造观赏性高、布局紧凑、接近自然搭配的庭院绿化景观。

乔木、灌木、草坪按比例混合搭配，在夏季能保持良好的遮阴、降温和增湿效果。

规划布局说明

在进行前侧院式商业型庭院的布局时，首先应将住宅布置于庭院西侧，以获得东南向充足的日照；前侧院南北向贯通，不利于抵御冬季的恶劣气候，因此应在庭院北侧建设附属用房以阻挡寒风对庭院的侵袭；住宅西侧配植落叶乔木，降低夏季日晒的影响；此类商业型庭院可承载大量客流，因此应在庭院中加设景观设施以提升庭院乐趣，使村镇庭院成为可承载大型商业活动的有效空间。

第六章　居住庭院用地整理

□居住庭院用地整理模式

　　本着节约用地的原则，对于具有分户需求，并且自家宅基地规模较大的村镇家庭，可在自家宅基地的基础上进行划分，形成2～3户独立居住庭院，既可满足分户要求，又可以丰富庭院种类与经营类型。规模超标的庭院多出现在三种空间形态的庭院中，即前院后宅型、前后院型与前侧院型庭院。

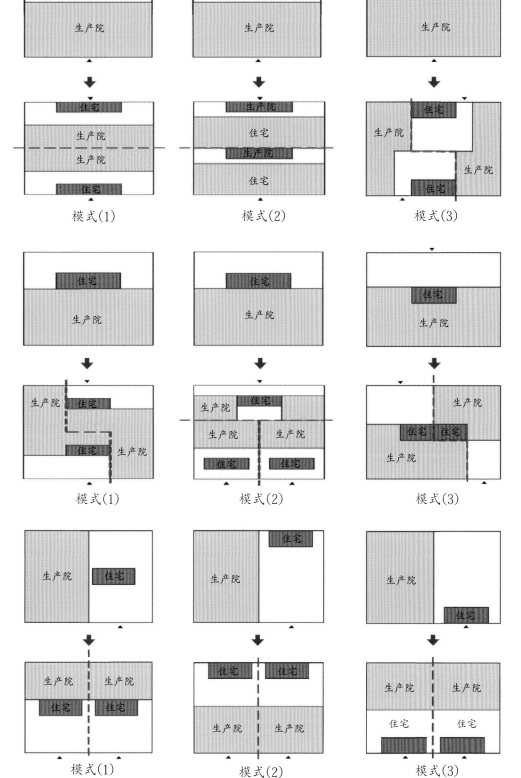

模式(1)　　　　模式(2)　　　　模式(3)

■ 前院后宅型

　　在前院后宅型庭院中，生产院规模变化较大。对于前院后宅型规模超标的庭院拆分，主要从生产院入手，根据庭院形态特点分为横向与纵向划分。横向拆分可形成两个前宅后院型组合与前院后宅型加前宅后院型的组合；纵向拆分可形成两个前宅后院型组合。

■ 前后院型

　　在前后院型庭院中，住宅位置较为居中，横向拆分不能达到目的，应采取横向与纵向相结合的拆分方式。纵向拆分后可形成两个前后院型的组合；横向与纵向拆分相结合，形成三个前后院型组合。多种组合方式可满足不同庭院功能要求。

■ 前侧院型

　　前侧院型庭院开间较大，在满足生活院的规模基础上，生产院呈横向扩展。对于此种庭院，横向拆分已不适用，应以纵向拆分为主。根据住宅在庭院中的位置不同，纵向拆分可形成两个前后院型、两个前宅后院型与两个前院后宅型的组合。

☐ 前院后宅型庭院用地整理

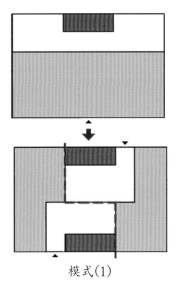

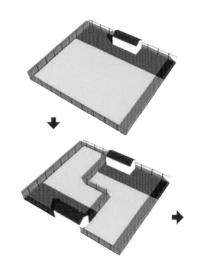

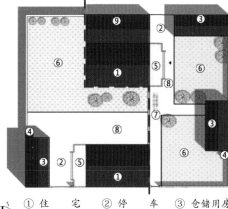

模式(1)

① 住 宅	② 停 车	③ 仓储用房
④ 厕 所	⑤ 休闲平台	⑥ 种植用地
⑦ 庭院景观	⑧ 生活庭院	⑨ 经营用房

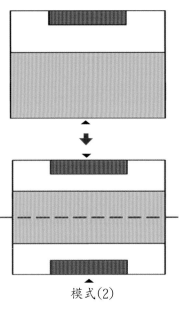

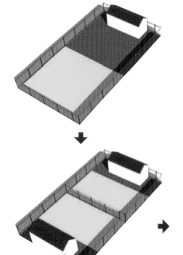

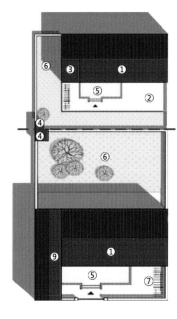

模式(2)

① 住　　宅
② 停　　车
③ 仓储用房
④ 厕　　所
⑤ 休闲平台
⑥ 种植用地
⑦ 庭院景观
⑧ 生活庭院
⑨ 经营用房

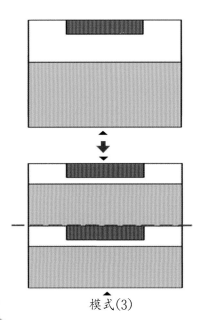

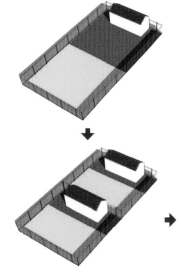

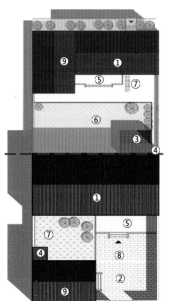

模式(3)

① 住　　宅
② 停　　车
③ 仓储用房
④ 厕　　所
⑤ 休闲平台
⑥ 种植用地
⑦ 庭院景观
⑧ 生活庭院
⑨ 经营用房

▉ 太阳能系统

严寒地区村镇居住庭院应充分利用太阳能资源，形成绿色生态的能源循环利用系统。太阳能作为一次能源与可再生能源，既具有资源丰富的优势，又具有对自然环境无危害的环保特点，对于解决严寒地区村镇粗放耗能、高污染耗能具有积极意义。

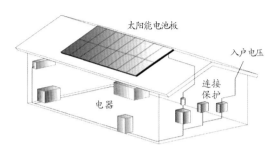

▉ 被动式太阳房

被动式太阳房是经济有效地利用太阳能采暖的形式。被围护结构内表面吸收的太阳能，一部分以辐射和对流的方式在室内空间传递，另一部分被导入蓄热体内部，并逐渐释放出热量，使房间在晚上和阴天也能保持一定温度。

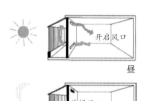

▉ 村镇生态庭院示意图

■庭院住宅空间剖面示意图

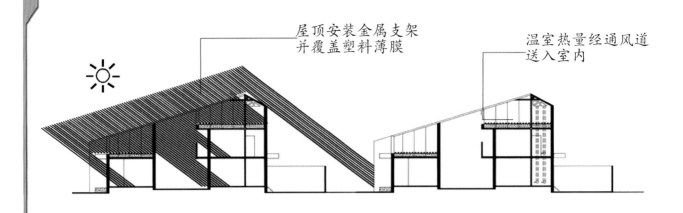

屋顶安装金属支架
并覆盖塑料薄膜

温室热量经通风道
送入室内

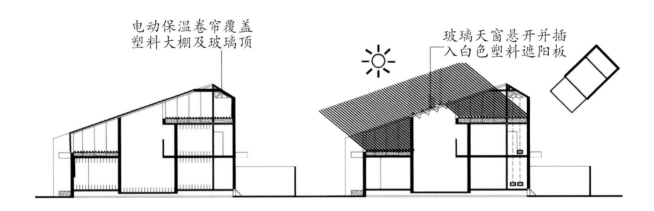

电动保温卷帘覆盖
塑料大棚及玻璃顶

玻璃天窗悬开并插
入白色塑料遮阳板

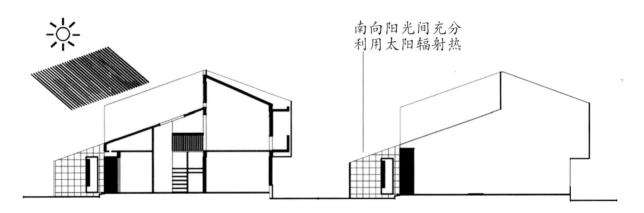

南向阳光间充分
利用太阳辐射热

　　严寒地区村镇居住庭院的住宅空间布局，可考虑设置供日常活动的内庭院，有利于户内采光与通风。起居室和日光间（种植花卉、蔬果）相连，既可以丰富室内空间，同时可以优化室内环境。

　　主要功能用房可与炉灶相结合，采用传统火炕、火墙采暖，充分利用炊事余热，在冬季为住宅提供热源。

　　在居住庭院内结合住宅设置地窖，以顺应北方村镇居民的生活习惯。利用土质的蓄热能力保证地窖常年恒温，有助于在冬、夏两季存储生活必需品。

　　住宅南向设置日光间，在冬季既可以阻挡冷空气直接吹入住宅入口，又可起到蓄热作用，从而充分利用太阳辐射热，减少燃烧秸秆，节约能源，降低空气污染，提高村镇生活环境质量。

◤剖面图

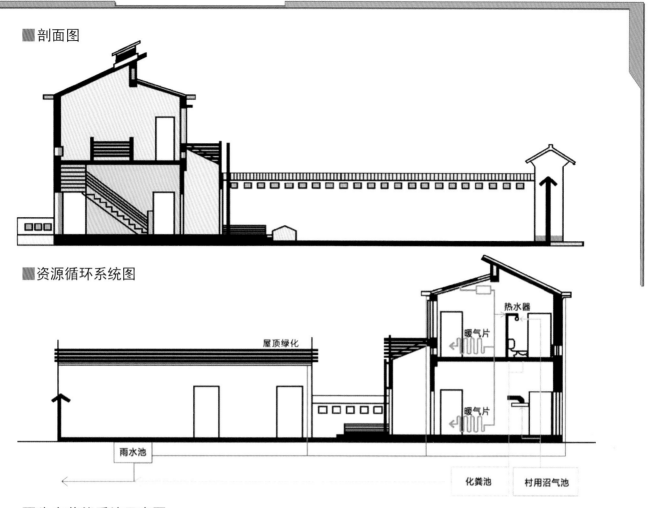

◤资源循环系统图

屋顶绿化

热水器

暖气片

暖气片

雨水池

化粪池　村用沼气池

◤生态节能系统示意图

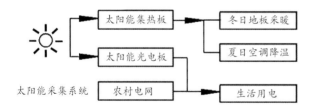

太阳能集热板收集的热量，储存在保温水箱内，通过循环泵向建筑提供采暖热水；此外，可通过该太阳能集热器采集的热量，驱动溴化锂制冷机组制冷，通过管路设备向用户提供冷量。

太阳能集热系统由太阳能集热器、储水箱、管道及辅助加热系统等组成。集热系统吸收辐射能，当储水箱中水温达到设定值时，通过循环或者排空的方式与蓄热水箱之间进行换热。

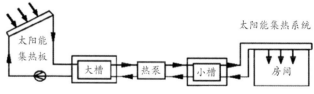

垃圾废物经填埋后，微生物在特定的厌氧条件下将有机质进行分解，其中一部分碳素物质被转化为沼气，其主要成分是甲烷和二氧化碳。在此过程中包括原料收集、预处理、消化器处理、出料的后处理和沼气的净化与储存。

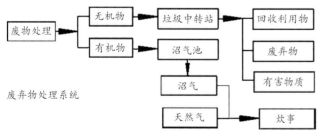

太阳能发电系统主要由太阳能光电板、太阳能控制器、光电转换板、蓄电池等组成。在阳光充足的时候，太阳能电池板实时将太阳能转化为电能，其中主要一部分电能存储到专用电池中供生活使用。

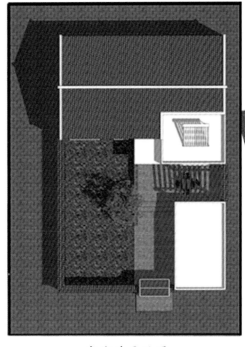

庭院总平面图

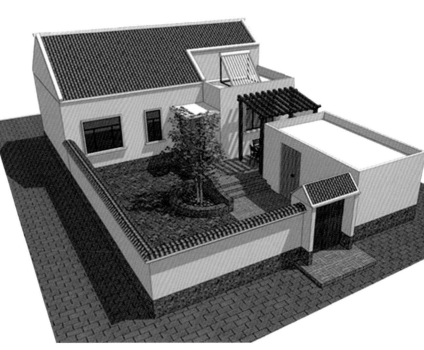

庭院鸟瞰图

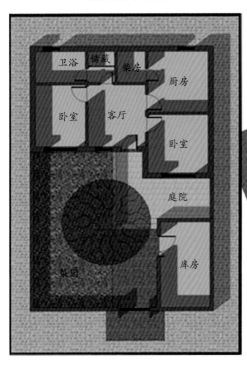

庭院平面示意图

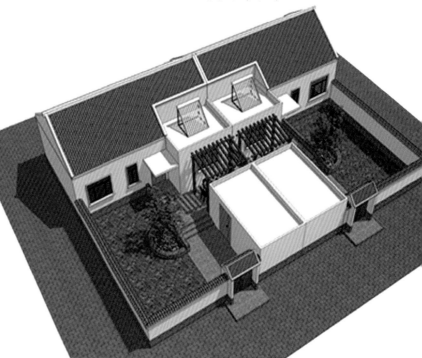

双拼庭院鸟瞰图

庭院沿街立面图

□ 庭院室外铺地构造

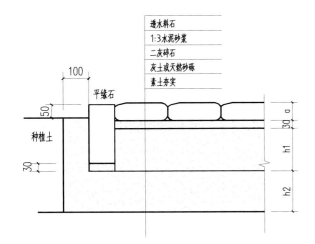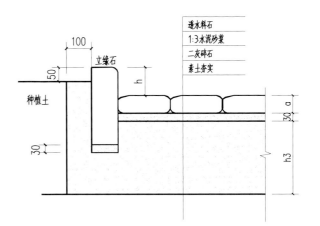

庭院室外透水料石铺地构造

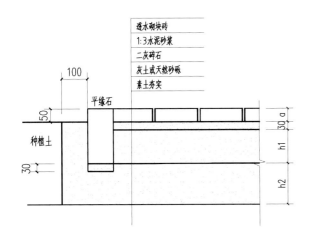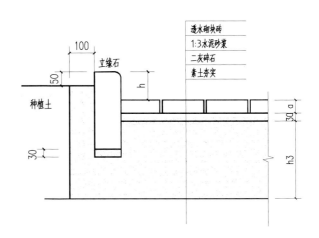

庭院室外透水砌块砖铺地构造

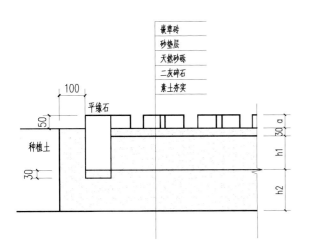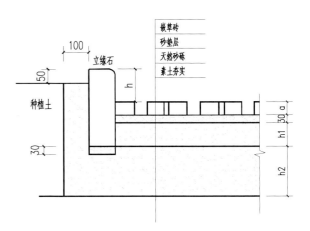

庭院室外嵌草砖铺地构造

□ 庭院室外木栅构造

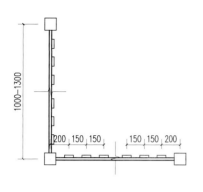

平面图

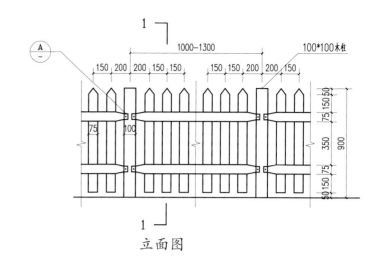

立面图

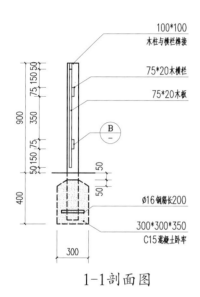

1-1剖面图

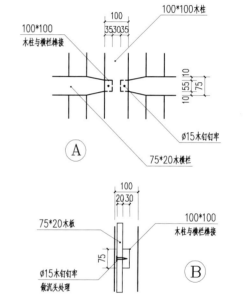

庭院室外木栅构造（Ⅰ）

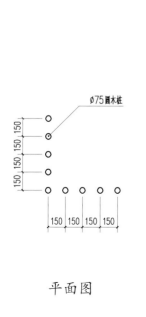

平面图

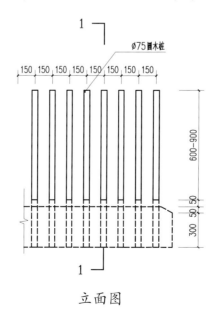

立面图

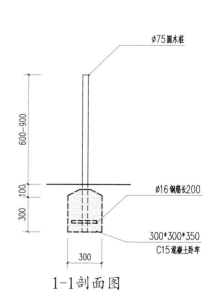

1-1剖面图

庭院室外木栅构造（Ⅱ）

☐ 庭院室外镂空院墙构造

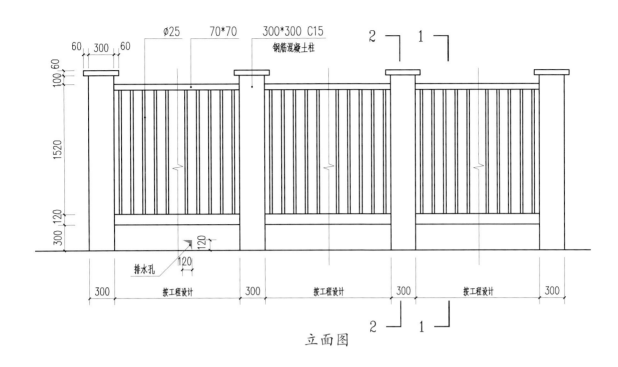

立面图

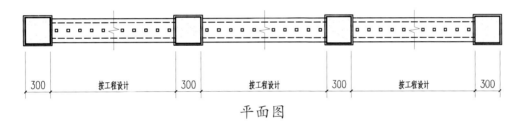

平面图

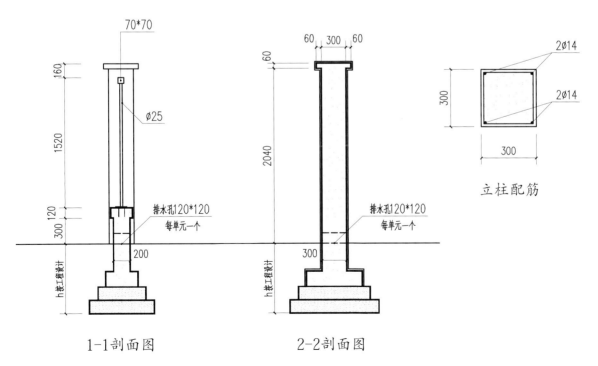

1-1剖面图　　　　2-2剖面图

庭院南向镂空院墙构造（Ⅰ）

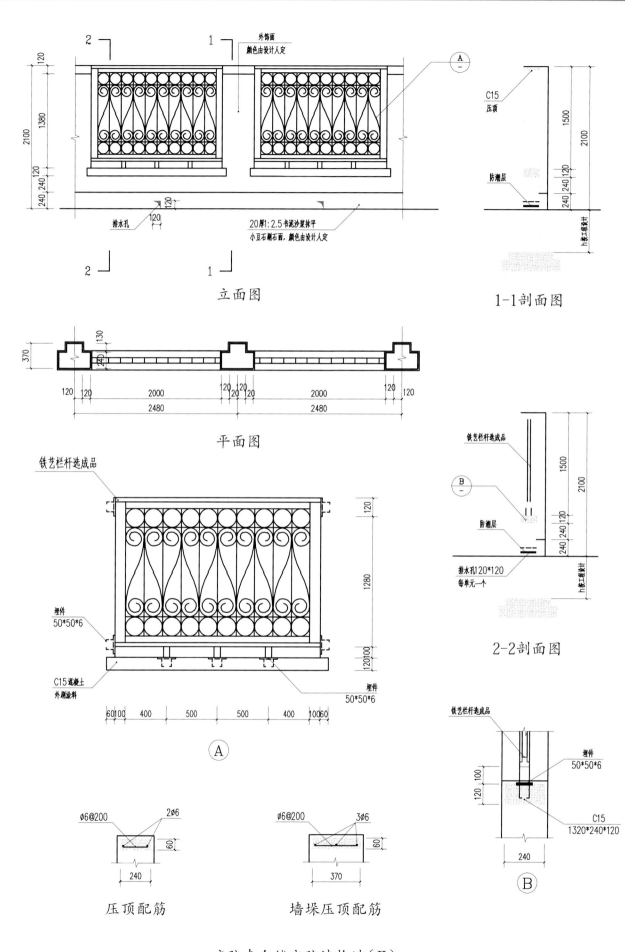

立面图

1-1剖面图

平面图

2-2剖面图

Ⓐ

Ⓑ

压顶配筋

墙垛压顶配筋

庭院南向镂空院墙构造（Ⅱ）

□ 庭院室外防滑坡道构造

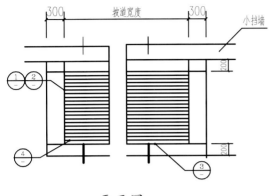

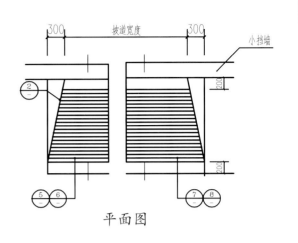

平面图　　　　　　　　　　　　　　　　　　平面图

饰面材料由设计人定

①

20厚1:2水泥砂浆抹面
100厚C15混凝土
300厚3:7灰土

②

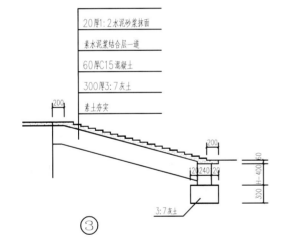

20厚1:2水泥砂浆抹面
素水泥浆结合层一道
60厚C15混凝土
300厚3:7灰土
素土夯实

③

20厚1:2水泥砂浆抹面
素水泥浆结合层一道
60厚C15混凝土
300厚3:7灰土
素土夯实

⑤ 灰土垫层　　⑥ 卵石垫层

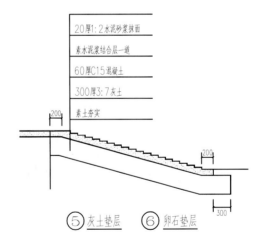

20厚1:2水泥砂浆抹面
素水泥浆结合层一道
60厚C15混凝土
300厚3:7灰土
素土夯实

④

20厚1:2水泥砂浆抹面
素水泥浆结合层一道
60厚C15混凝土
300厚3:7灰土（300厚卵石灌M2.5混合砂浆）
素土夯实

⑦ 灰土垫层　　⑧ 卵石垫层

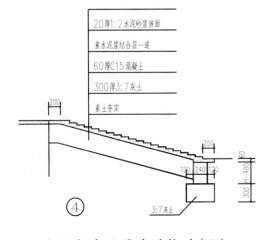

庭院室外防滑坡道构造（Ⅰ）　　　　　　庭院室外防滑坡道构造（Ⅱ）

☐ 庭院室外木质景观座椅构造

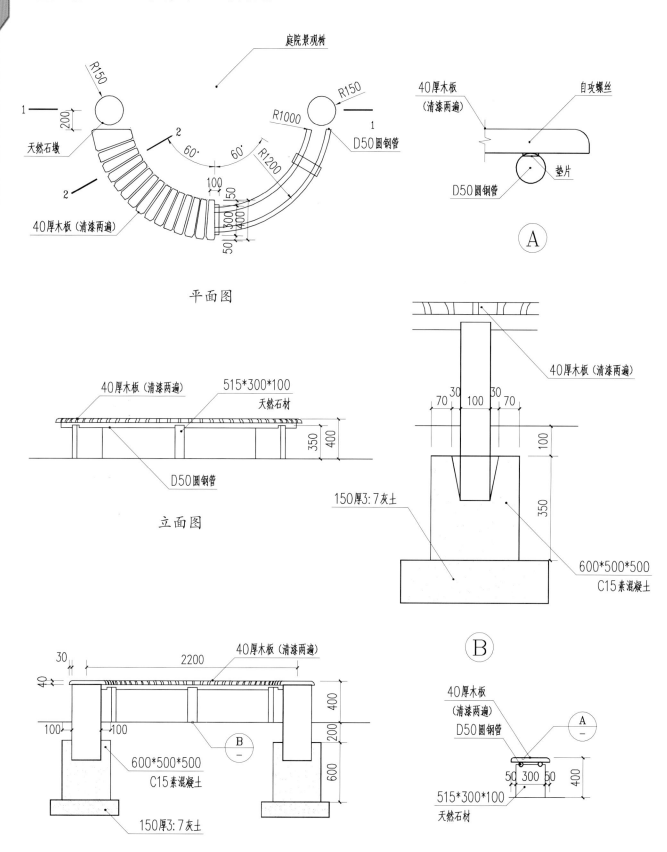

庭院景观树

R150

R150

R1000

R1200

D50圆钢管

R150

200

天然石墩

60° 60°

100

150

300

400

50

40厚木板（清漆两遍）

平面图

40厚木板
（清漆两遍）

自攻螺丝

D50圆钢管

垫片

Ⓐ

40厚木板（清漆两遍）

515*300*100
天然石材

350

400

D50圆钢管

立面图

40厚木板（清漆两遍）

30 100 30

70   70

100

350

150厚3:7灰土

600*500*500
C15素混凝土

Ⓑ

30 2200

40厚木板（清漆两遍）

40

100 100

400

200

Ⓑ

600*500*500
C15素混凝土

600

150厚3:7灰土

1-1剖面图

40厚木板
（清漆两遍）
D50圆钢管

Ⓐ

400

50 300 50

515*300*100
天然石材

2-2剖面图